AF494652

JARDINS

Carnet de plans et de dessins

MCMXX

JARDINS

Carnet de plans et de dessins

Imprimerie V. Polgar, 33, Rue Lacépède, Paris

Alfred Kiéné, Conducteur
H. Cachon, Metteur en page
A. Rochefort, Compositeur
André Polgar, Compositeur

JARDINS

Carnet de plans et de dessins

par J.C.N. Forestier

ÉMILE-PAUL, FRÈRES, ÉDITEURS

100, Rue du Faubourg Saint-Honoré

PARIS

IL A ÉTÉ TIRÉ DE CET OUVRAGE
45 EXEMPLAIRES SUR GRAND PAPIER D'ARCHES
A LA FORME LÉGÈREMENT TEINTÉ
NUMÉROTÉS DE 1 A 45.

TABLE DES MATIÈRES

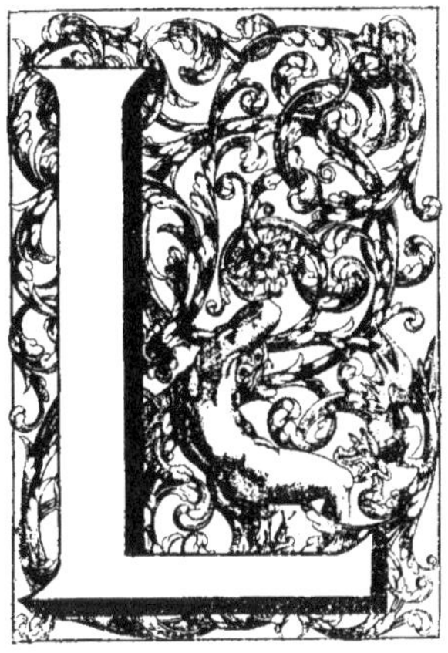

E chancelier de la grande reine Élisabeth d'Angleterre, la dernière des Tudors, à la fin du XVI° siècle, époque à laquelle sont dûs ces jardins qui parent de leurs vieilles pierres tous les coins de la province anglaise, Bacon, essayait son dilettantisme de philosophe et d'artiste sur les jardins : " God Almighty first
" planted a garden ; and, indeed, it is
" the purest of human pleasures. It is
" the greatest refreshment to the spirits
" of man ; without which, buildings
" and palaces are but gross handyworks ;
" and man shall ever see that when
" ages grow to civility and elegancy men come to build stately, sooner
" than to garden finely : as if gardening were the greater perfection. "
(" Dieu, Toute-Puissance, d'abord planta un jardin et, en vérité, c'est le
" plus pur des plaisirs humains. C'est le plus grand délassement pour la
" pensée de l'homme, sans lequel, maisons et palais ne sont que de gros-
" siers ouvrages de sa main ; et l'on s'apercevra toujours que les hommes,
" tandis que la civilisation se développe vers la politesse et l'élégance,
" atteignent d'abord à l'architecture monumentale avant d'arriver à la beauté
" du jardin : comme si l'art des jardins était une perfection plus grande. "

☆   ☆

De tous les jardins très anciens. nous ne savons que peu de chose ; nous nous servons de descriptions plus ou moins bien comprises pour en tracer des plans hypothétiques dont les variations indiquent le peu de vraisemblance. mais où se manifeste constamment la recherche d'une composition et de tracés réguliers.

Les édifices anciens ont laissé des vestiges assez précis, par morceaux qui. bien qu'épars sur toute la surface de la terre, furent assez nombreux pour permettre de constituer des ensembles se rapprochant d'assez près sans doute de la réalité.

Malheureusement, le jardin, création éphémère formée par l'assemblage de choses vivantes, construit avec des éléments périssables ou fragiles. est destiné à se modifier ou à disparaître ; lorsque les traits de son dessin n'ont pas été fixés par des matériaux durables, il est rare qu'il subsiste pendant de bien longues années.

Mais il apparaît avec clarté que le souci d'arranger les plantes, la pensée d'harmoniser le sol autour de l'habitation avec le dessein de s'entourer de plus de bien-être d'abord et de beauté ensuite, se sont éveillés peu à peu tandis que montaient les civilisations pour s'éteindre dans les retours de barbarie. Et à ces époques très lointaines, parmi les peuples les plus divers, le jardin garde dans ses aspects et son arrangement. avec une science parfois élevée du style, des principes qui, oubliés souvent, s'imposent à nouveau en règles nécessaires comme des manifestations d'une loi mystérieuse, quelquefois méconnue, mais impérissable.

Il semble que les hommes aient voulu que, le jardin construisant son visage même, soit renfermé dans le cadre, dans la forme dont il ne doit pas s'échapper : non pas assemblage empirique et hasardeux de végétations naturelles et sans contrôle, mais arrangement réfléchi et intentionnel de toutes les parties qu'il élabore. Il devient ainsi capable de provoquer en nous une satisfaction intense par le spectacle clair de l'ordre et des belles proportions.

Les dessins égyptiens. les palais de l'Assyrie et de la Mésopotamie nous ont révélé les dispositions rectangulaires de leurs jardins, l'ordre rythmé de leurs plantations et de leurs décors de plein air. Pompéi nous a gardé, sur des murs et dans ses vestiges, les souvenirs de ses treilles enguirlandées, de ses fontaines et de ses bassins. Plus que nous, peut-être, les anciens Mèdes et les Perses connurent les harmonies éclatantes du jardin et aimèrent, avec les couleurs rivales des fleurs et des faïences, la beauté des arbres. Ne dit-on point que Xerxès, ayant rencontré des platanes qu'il trouva magnifiques, les fit cercler d'or et plaça auprès d'eux ses gardes pour les faire respecter.

Mais si nous ne savons plus rien de ce que furent ces œuvres très anciennes, nous retrouvons, dans les traditions, les souvenirs des *paradis* asiatiques, des fabuleux jardins de roses du roi Midas, de ceux de Persépolis, où Darius, avant Louis XIV, avait fait construire sur de fastueuses terrasses des parterres, des bosquets et des berceaux d'ombre et aussi des machines hydrauliques pour arroser ses plantations et pour jouir de l'éclat vivant des multiples jeux de l'eau.

La Grèce et Rome, à toute leur élégance, à tout leur luxe, asso-cièrent les jardins avec une telle recherche et de si coûteux efforts qu'il faut regretter de n'en point retrouver des représentations certaines.

Il est curieux de comparer les Romains, qui cherchent à égaler les somptuosités des monarques orientaux, aux Italiens de la Renaissance qui s'inspirent, au début, dans leurs œuvres, des traditions asiatiques apportés par les Arabes. Les Maures construisirent de très beaux jardins en Sicile, dont les traces subsistèrent jusqu'au siècle dernier.

Après Auguste s'appesantit sur l'Europe un long temps de luttes, de guerre, de barbarie.

C'est dans la paix des cloîtres que lentement renaissent les jardins, sous la protection des fossés et des enceintes fortifiées des châteaux, naïfs mélanges de quelques plantes familières et de plantes utiles, disposées en simples carrés, en plates-bandes, sur les étroits espaces laissés libres par les constructions entre les murailles crénelées. Souvent une barrière de bois, parfois vêtue de roses, défendait contre les chevaux et les autres animaux, dont on vivait plus rapproché, la pelouse fleurie et les petits carrés bordés de menthe, de thym, d'hysope et de marjolaine...

La Colombière, de Ph. Guyde (1583).

Aux carrefours des allées, vasques, menus jets d'eau et bassins rappelaient les anciennes traditions.

Alors et plus tard, jusqu'aux coûteux treillages des XVIIe et XVIIIe siècles, ces parterres étroits étaient entourés, divisés par des berceaux et des tonnelles.

La science par excellence réclamée des jardiniers était une grande habileté dans ces travaux en bois, car à tous, en ces temps heureux, les principes de culture, de greffe, de taille, étaient familiers.

Le mouvement continua en France par la copie, alors qu'elle était à son déclin, de la plus ancienne Renaissance de l'Ombrie et de la Toscane.

C'est à la fin du XIIIe siècle, après le bel épanouissement de l'art mauresque en Espagne, que l'Italie s'éveille d'un long sommeil en une floraison de tous les arts. Jusqu'au XVIe siècle elle se couvre de ces beaux ouvrages dont nous admirons encore aujourd'hui les débris meurtris et usés : terrasses, allées de mosaïque, bassins capricieux, décors où la trop féconde imagination d'ouvriers habiles mêlait librement le grotesque au magnifique ; jardins de pierres et de marbre qui semblent répandus par la demeure même autour d'elle, qui l'attachent au pays environnant avec l'unité variée de leurs contours, de leurs reliefs, de leurs niveaux et de leurs aspects si ingénieusement adaptés aux mouvements et aux lignes du paysage.

JARDIN D'ITALIE

Charles VIII, dans son expédition en Italie, avait admiré ces jardins devenus fameux en Europe. Il amena avec lui en France Pacello de Mercolano, auquel il confia Amboise. Ce fut le début de notre Renaissance des Jardins.

Androuet du Cerceau, surtout, nous en a conservé quelques perspectives, mais il est regrettable de ne pouvoir admirer, comme on peut le faire en Angleterre et en Italie, de beaux restes de nos jardins du XVIe siècle. Il est probable qu'il y eut alors, dans tous ces décors, détails et ensembles — luxe de la pierre, du bois, de la serrurerie, — belles ferrures, balustrades ouvrées, travaillées, ciselées, fontaines et puits, charpentes ornées, tonnelles et berceaux et mille détails inattendus qui nous raviraient aujourdhui.

Vieux jardins d'Italie, de Hollande, d'Angleterre sont aujourd'hui connus par d'abondantes gravures et photographies publiées dans les revues et les recueils.

Les copies en moulages de plâtre, de ciment ou de pierre artificielle, les reproductions en marbre, ont été, dans ces dernières années, très fréquemment employées, à défaut d'œuvres originales, un peu partout et surtout en Amérique. Il n'est plus guère intéressant d'y revenir ici.

Ce recueil ne sera ni un traité, ni un manuel : il n'a d'autre prétention que de montrer quelques ouvrages, sans doute imparfaits, mais consciencieusement étudiés en vue de mettre en valeur les plantes et d'obtenir, le plus souvent dans des espaces restreints, les meilleures joies du plein air.

Art et technique — mieux vaut dire simplement art *ou* technique — ne consiste pas, comme vous l'avez sans doute entendu dire souvent, à donner une expression à nos conditions de vie, mais plutôt à exprimer ces nouvelles conditions de notre vie. Cette expression est le résultat de la technique même et non pas son objet.

C'était risquer de faire fausse route que de se laisser diriger dans sa recherche à vouloir exprimer artificiellement ces conditions nouvelles

par des formes ou des dispositions spéciales, alors qu'en cherchant à
résoudre le problème de la manière la plus satisfaisante pour ces exi-
gences, de la manière la plus utile, la mieux adaptée à nos besoins pra-
tiques, on arrive par cela même à cette expression.

Copier des choses anciennes pour le motif qu'elles sont belles,
pareillement est une erreur et peut n'aboutir qu'à des extravagances qui
sont étrangères à l'objet que poursuit et doit atteindre le dessinateur de
jardins.

Nombreux sont ceux qui ne peuvent, prisonniers dans les villes, retrouver
les conditions saines de la vie agricole ; mais le jardinage n'est-il
pas le raffinement de l'agriculture ? Les jardins ont ce singulier
avantage de pouvoir réunir à la fois libres terrains d'exercices
naturels, hygiène, esthétique ou culture de l'esprit — et
ils doivent réunir ces trois qualités. — Au frontis-
pice d'un vieux livre traitant des jardins, le
dessinateur avait écrit en devise, au-
dessus de trois petits parterres sym-
boliques, ces mots : « Pour la
Santé, Pour la Bonté,
Pour la Beauté ».

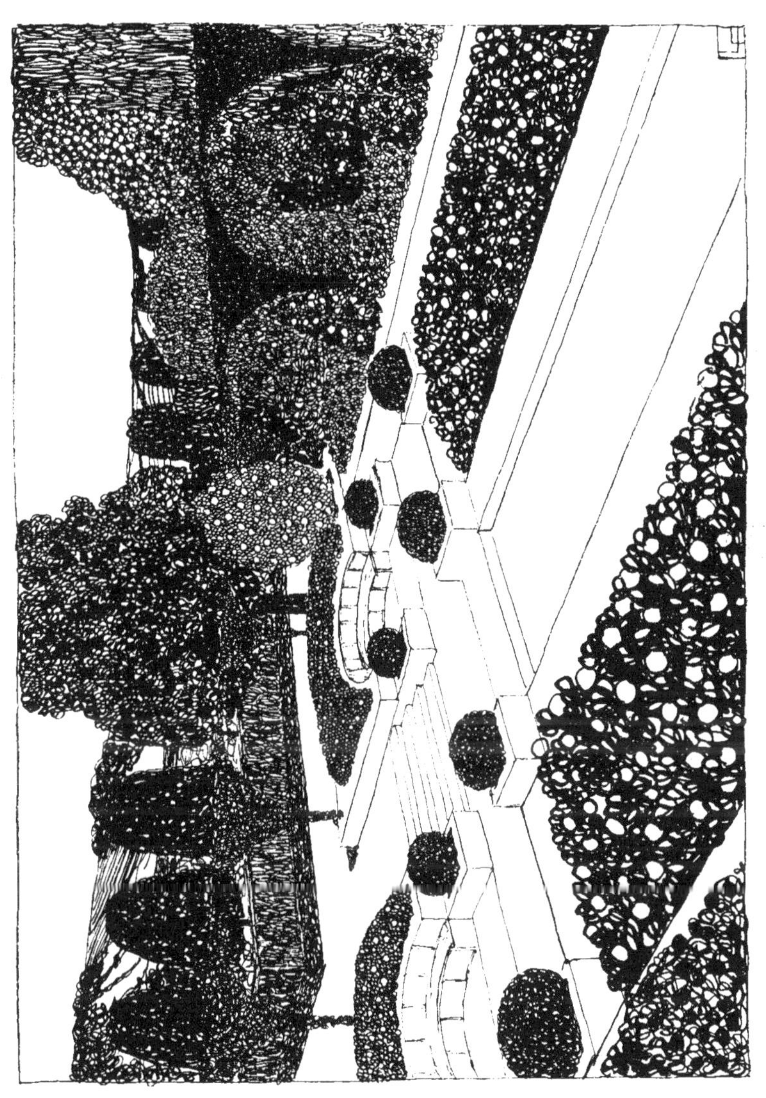

LE DESSIN D'ENSEMBLE

E jardin, aujourd'hui, n'est pas qu'œuvre d'art et de luxe ; il répond à des besoins nouveaux ; il a un rôle social bienfaisant ; il doit être partout multiplié, annexe nécessaire de l'usine autant que du château, de la plus humble comme de la plus orgueilleuse demeure.

L'activité croissante et la fièvre des villes ne pourront trouver que dans le jardin le repos, la cure préventive contre toutes les maladies mentales et physiques.

Les villes ne seront pas et ne peuvent pas être ce que voudrait dire aujourd'hui ce mot détourné de sa signification première, des « cités-jardins » ; elles ne peuvent être de vastes jardins, mais des agglomérations de constructions [où, il est vrai, l'aspect ville devra se dérober parfois. Auprès de la demeure, tout tendra à être tranquille et calme, fleuri et verdoyant ; chacun sentira le voisinage de la ville, la proximité du lieu de ses affaires ou de ses occupations, mais en même temps il trouvera auprès de soi et pour ses enfants l'endroit du délassement, du repos et de l'étude récréative.

Fonctions divisées à l'excès, labeur intellectuel, travail manuel, contraignent indifféremment chacun, à quelque classe qu'il appartienne, quel que soit l'ouvrage auquel il est attaché, à compenser soit par les jeux corporels, soit par les jeux de l'art et de l'étude, soit par le repos au jardin, l'inégalité du travail de ses organes et la fièvre des affaires [1].

---

[1] Je me propose, dans un ouvrage prochain, de traiter plus longuement cette question du rôle bienfaisant et de plus en plus nécessaire des jardins dans les villes nouvelles.

Les jardins naturels, nés de l'abondance des nouvelles plantes et d'un effort littéraire, furent jolis et curieux comme un amusement capricieux. Jamais pourtant ils ne réunirent l'unanimité des suffrages.

Ces puérilités traitées en fantaisies divertissantes se transforment, au cours du siècle, en ces grands jardins *anglais* sérieux et vides du second Empire, où le désir de l'ornement régulier et dessiné suscite les corbeilles ovales ou rondes, les mosaïcultures compliquées, contresens qui devaient faire vivement sentir le faux-goût de ces compositions bâtardes.

Incertains, gens de goût et architectes de jardin tentèrent, il y a une vingtaine d'années, de revenir aux œuvres de Le Nôtre, c'est-à-dire à nos jardins des XVIIᵉ et XVIIIᵉ siècles ; mais possibles encore dans les grands domaines d'autrefois, pieuses restaurations souvent bien remaniées du cadre ancien de quelque traditionnelle demeure, ils ne s'adaptent qu'avec peine aux conditions modernes de la vie : ils se prêtent mal au déploiement des plantes nouvelles, aux magnificences des mille créations dûes à l'habileté des horticulteurs.

Le jardin régulier est-il mieux que le jardin pittoresque ? Il semble qu'il permette de satisfaire plus complètement l'esprit, de rendre un arrangement plus commode et plus clair, pourvu qu'on ne soumette pas toutes les plantes, par une taille excessive, à ces mêmes formes géométriques.

Au surplus, la régularité du dessin ne constitue pas à elle seule une qualité suffisante ; elle peut n'être que pauvreté ; au lieu de tirer de la clarté de sa composition un attrait, le jardin n'arrive alors qu'à manifester l'indigence de l'invention, qui ne peut, comme dans le parc paysager, être masquée par les diverses beautés naturelles de plantes bien vivantes librement distribuées.

D'autre part, l'exagération du dessin, aussi original, aussi habile apparaisse-t-il sur le papier, peut n'être qu'une page de décoration et non pas un véritable jardin, dont l'intérêt réside toujours dans l'expression

sur le terrain. C'est un défaut aussi grave que la pauvreté d'invention ;
il nous est reproché par les Anglais :

« He (the Frenchman) overdoes designs », dit John D. Seddings.
Il ne cherche pas, ajoute-t-il, à se servir des ressources de la nature
pour les interpréter, les développer, les mettre en valeur selon leurs
propres lignes, « along their own lines », mais pour exprimer *ses propres idées* intéressantes ; de là, conclut-il, une certaine indifférence envers
la nature dans le jardin français « Hence a certain unscrupulousness
towards nature in the French garden ».

En raison même de tout l'effort d'imagination, de toute l'invention,
et aussi de la part de sentiment et de juste mesure qu'il exige, le jardin
régulier, géométrique, pour n'être pas médiocre, est, contrairement aux
apparences, plus difficile à concevoir que le jardin paysager.

C'est donc à conserver la clarté, l'ordre et la régularité du dessin,
mais en le transformant dans le but d'utiliser toutes ces mille ressources
nouvelles, en le simplifiant pour le mieux adapter à nos habitudes, pour
le rendre moins coûteux à créer et à entretenir et pourtant en s'efforçant
de le faire animé, brillant, pittoresque et plus intime que tendent les
efforts d'aujourd'hui. C'est, plus encore qu'autrefois, la nature libre qui
reste la matière première. Œuvre d'un art subtil, le jardin, fait de poésie
et d'architecture, associe la nature et l'art ; il marie les contraires ; il
combine la finesse et l'audace, la simplicité et l'ingéniosité, la régularité
et la fantaisie, la rigueur des axes et le laisser-aller. Réduit joyeux et
intime, il doit être arrangé avec art, ombragé avec discernement par des
berceaux, des treilles ou par quelques beaux arbres libres sur de larges
pelouses unies, brillant de l'abondant éclat de toutes les fleurs annuelles
et vivaces. Ni le grand et pompeux jardin français ni le parc romantique
ne correspondent bien, le plus souvent, à nos habitations, à nos conditions de vie. Le jardin moderne revient à une composition géométrique
toute de clarté, mais sans s'assujettir à la rigueur symétrique et à
l'ampleur des formes de notre XVIIᵉ siècle.

A cause même de l'obligation ou il est d'être lui-même et d'être original, le maître jardiniste connaît le passé, s'inspire de ses exemples — il ne le copie plus : il vit dans le présent et se constitue des règles en conformité avec l'esprit moderne.

Agréables, par leurs fleurs et leurs ombrages, leurs taches d'ombre et de lumière. par la douceur des pelouses et leur verdure, par le bruit rafraîchissant des bassins et des fontaines. les jardins ne sont aujourd'hui ni trop grands ni trop chargés d'ornements, afin d'être à la fois le plus utiles possible et moins lourds à entretenir.

Ne faut-il pas prévoir que bientôt tout devra être simplifié ?

Ornement pour la maison. spectacle attrayant pour les fenêtres, cadre heureux pour de lointaines perspectives, le jardin est. pour les heures de la vie qui se passent en plein air, une annexe à nos demeures.

Que la propriété soit grande ou petite. le jardin paré et soigné peut n'occuper qu'une étendue restreinte aux abords immédiats de l'habitation. Le reste — parc d'agrément. terrains de culture — n'est que largement aménagé pour les vues lointaines. Trop coûteux serait l'entretien scrupuleux et partout égal du développement exagéré d'avenues ou d'allées, d'immenses prairies traitées en pelouses. d'autant plus que les taches bien disposées des arbres, des bois, des eaux, des prairies, voire des vignes, suffisent à un spectacle éloigné et aux grandes promenades.

✻ ✻
✻

JARDIN DE MR. Joseph GUY À BEZIERS   VUE DE L'EXTREMITÉ   1918

Voir plus loin Plan et Perspective

FONDS ET ACCENTS

 ɪᴇɴ des éléments concourent à donner au jardin son
expression, sa physionomie.

Pour l'égayer et le rendre lumineux, c'est la
foule magnifique des fleurs, en accord par nuances
ou en vives oppositions, c'est la clarté des pierres, la
douceur des bancs, ce sont les jeux du soleil et de
l'ombre, les eaux jaillissantes, les vues lointaines.

Les changements de niveaux, les mouvements de terrain, peuvent
être l'occasion de lignes précises, de détails arrêtés, qui aident à donner
de la variété à ses parties, à rendre plus nerveux ses aspects.

Mais un de ses plus grands charmes vient du sentiment de sérénité
et de paix que fait naître en nous, auprès des retraites abritées et fraîches,
le spectacle de grandes masses de feuillage, de larges et tranquilles
surfaces vertes des pelouses.

Un excessif développement de parties ornées, de broderies, d'en-
roulements, même heureusement dessinés, plaît parfois au premier
aspect par l'élégance ou l'imaginative originalité des contours; dominant,
il devient monotone.

Une très grande abondance de fleurs et de couleurs par masses
uniformes ou par le contraste de multiples mélanges le plus souvent
n'ajouterait ni à l'éclat, ni à la gaieté que l'on se croit en droit d'en
attendre. La beauté et la joie ne naissent point de la seule profusion
des violentes couleurs, mais de la conscience de cet éclat des fleurs et

de leur fraîcheur naturelle qu'éveillent les taches nettes et graves de quelques accents, la blanche nudité ou les masses sombres d'un fond.

Plus encore, l'esprit s'irrite quand le regard ne peut se fixer, s'appuyer à des points précis, à des surfaces nettes et simples.

C'est sur le fond surtout que se silhouette le jardin; c'est du fond qu'il dépend qu'il soit terne ou brillant, vivant ou glacé.

Fonds et accents, par leur précision et leurs taches vives ou reposantes, tendront à donner à l'ensemble l'heureuse apparence de simplicité.

Simple, cela signifie non qu'il sera moins riche en éléments divers, qu'il ne sera plus complexe, mais que, par l'ordre et l'économie de toutes ses parties, il n'en aura pas l'apparence, qu'il sera compris sans effort. Ensemble, fleurs, ornements et fonds, couleurs et accents s'accordent pour faciliter la claire compréhension d'un tout équilibré. Cadre visiblement conçu par une pensée humaine pour enfermer la beauté naturelle des plantes. Le jardin n'est pas un décor théâtral.

L'habitude de peindre, de voir des morceaux d'arrangements immobiles, limités et fixés par la photographie, suscite naturellement la recherche trop exclusive du « joli coin », du détail curieux, transposé d'une agréable ou adroite image dans l'unité vivante du jardin.

Nous avons en nous comme un instinct voilé que l'âge peu à peu découvre. Il nous pousse à regarder, à admirer et enfin à aimer chaque chose qui vit et existe dans la forme étrange par laquelle elle manifeste sa vie, et pour le don même, mystérieux, qu'elle possède de vivre. Et ce plaisir s'élargit sans doute d'être senti dans un assemblage médité d'éléments qu'unit un ordre ingénieux.

Les vues — larges panoramas ou petits tableaux rapprochés — exigent d'être mises en valeur et par un premier plan et par un encadrement, autre rôle important des fonds.

Ainsi dans la plupart des cas donnent-ils toute sa valeur au jardin; il est curieux que l'on ne s'en rende généralement pas compte à première vue. Ils font pourtant percevoir les qualités qui frappent le plus, grâce des lignes, éclat des couleurs, auxquels seuls, il est vrai, s'attache le premier regard de l'observateur qui n'analyse pas son impression.

Dessin par Leclerc et Rabussier.

Leur disposition et leur densité sont déterminées par l'éclairage ; à contre-jour, ils sont épais pour interposer un écran opaque entre le spectateur et le soleil ; éclairés de face, ils forment un rideau de feuillage vert derrière toutes les clartés du jardin. Il n'y a pas de fond seulement aux limites ; il y en a aussi dans chacune des parties, dans chacun des détails.

A ces rideaux continus, ou interrompus par des creux d'ombre et des trous éclatants de lumière, s'ajoutent des touches vives, blanches, noires, colorées et fortement accentuées. La répétition géométrique de ces accents peut servir à ordonner des masses apparaissant ternes et confuses. Tantôt ils seront de feuillage foncé, noir, tantôt taches de fleurs éclatantes, de marbre blanc ou de céramique dans un arrangement tout de Cyprès, de Lauriers, de Lierres, d'Ifs taillés et de gazons. Le jet d'eau vivement éclairé non seulement égaie le long tuyau d'ombre d'une Charmille ou d'un berceau d'arbres épais, mais il en fait mieux sentir l'ombrage, l'obscurité et la fraîcheur.

Ici, comme dans la peinture, ce ne sont pas les couleurs, la multiplication des couleurs qui produisent la sensation la plus vive, ce sont les rapprochements et les contrastes. Contrastes non pour contrarier les impressions naturelles, mais pour les rendre plus puissantes. L'accent, destiné à créer le contraste par touches isolées ou répétées, est comme une épice à petite dose qui ne trouble pas la sensation, qui l'éveille, l'aiguise et doit la rendre plus vive sans en troubler l'unité.

Formes capricieuses des végétaux, couleurs valent surtout par ce qui est au milieu ou près d'elles — l'accent — et par ce qui est derrière elles ou par ce qui les entoure — les fonds.

Le fond n'est pas toujours la paroi des Ifs, des Thuyas, des Charmilles, la masse des grands arbustes et des arbres ; le tapis même des pelouses amples et tranquilles soutient souvent de sa toile verte étendue la vivacité des rameaux fleuris courbés sur le sol et la grâce dispersée des Roses.

Les Roses, fleurs souveraines portées par de petits arbustes quelquefois décharnés et secs ! Rien mieux qu'elles ne fait sentir l'importance

des masses rigides et obscures, des cernures de feuillage bronzé, des tapis de gazon, des colonnes noires de Lierres, de Cyprès, d'Ifs. Il arrive que des Rosiers, vus sur un arrière découvert et trop clair, ne montrent qu'un maigre squelette difforme portant des fleurs sans éclat.

Ces défauts, sentis si vivement dès le travail achevé, ne sont pourtant pas le résultat d'un arrangement qui peut-être a été bien conçu, du moins en plan; la faute en est souvent à ce que l'étude n'a pas tenu compte des influences des couleurs du feuillage, des formes végétales les unes sur les autres et aussi des hauteurs diverses, des variations de niveaux et de l'éclairage.

L'étude en perspective indique à cet égard des corrections utiles; mais il est parfois difficile de concevoir et d'exprimer exactement en perspective la réalité future, et si, dans le travail, une faute se manifeste et peut être corrigée. il arrive aussi que le crayon ou le pinceau, par un artifice habile, volontaire ou inconscient, la corrige sur le dessin, mais sur le dessin seulement.

Quoiqu'il en soit, la constante préoccupation de l'importance des fonds et de ces quelques pointes d'épices, les accents, peut épargner bien des fautes à un dessin et bien des déceptions dans les résultats.

Elle permettra aussi de se rendre compte rapidement, dans l'exécution, des causes essentielles d'une insuffisance ou d'un désordre apparent
de certains aspects.

LES PALISSADES ET LES HAIES

 CCUSER un tracé, cerner des plates-bandes et des massifs, créer des fonds, masquer des murs, c'est pour quoi sont utiles et parfois nécessaires les haies, les banquettes à hauteur d'appui, les hautes palissades.

Le jardin est fait de choses naturelles ordonnées.

Aussi, les haies taillées, les rangs réguliers d'arbustes, toutes choses, toutes lignes nettement marquées comme une forte tache linéaire, peuvent-ils appuyer, non pas les contours indécis de pelouses ou de massifs irréguliers, mais un dessin réfléchi.

Maintes plantes, tant à feuilles persistantes qu'à feuilles caduques, sont employées à ces ouvrages. Les plus communément choisies et les meilleures sont les Ifs, les Buis et les Houx qui, pour croître vigoureusement, exigent un bon terrain nourri d'engrais. Les Fusains du Japon ont le feuillage plus gros, mais croissent vite; les Troënes de Chine et de Californie sont moins sombres, mais réussissent toujours bien et en tout terrain.

La qualité et la rapidité de formation d'une haie tiennent en grande partie aux soins pris à la plantation. Ces soins consistent : à bien préparer le terrain par une tranchée qui doit être remplie de bonne terre et d'engrais ; — à transplanter les arbustes en bonne saison, au début d'avril pour le Houx, de l'automne au printemps pour tous les conifères ; — à ne tailler le Houx et l'If qu'en automne et au printemps, au ciseau ; le Troëne, du printemps au commencement de l'été : les Fusains du Japon et les Lauriers, en juillet et août.

La plupart des haies se taillent au ciseau. Les Fusains du Japon, les Lauriers doivent être taillés au sécateur. Les hautes parois de Charmilles, d'Ormes, de Tilleuls, d'Erables se taillent au croissant.

Parmi les conifères, ceux qui donnent d'excellentes haies et palissades sont : Abies Exelsa, Cyprès de Lawson (Cupressus Lawsoniana), Retinospora obtusa, Thuya gigantea, T. occidentalis; dans les pays où les hivers ne sont pas trop rudes : Cyprès fastigié, C. de Lambert (Cupressus macrocarpa). L'If (Taxus baccata) est aussi un conifère.

Parmi les arbustes à feuilles caduques : Aubépine, Eglantier, Prunelier dont les haies sont si communes dans la campagne; l'Hippophae rhamnoïdes (Argousier), Eleagnus, Sainte Lucie (Cerasus mahaleb), **Althea** (Hibiscus syriacus), Lilas, Tamarix, Troëne commun.

Pour les haies défensives, certaines plantes épineuses forment des haies presque impénétrables; elles n'ont guère leur place dans les jardins, sinon pour les clôtures; telles sont les haies de Maclura, de Fevier ou Epine du Christ (Gleditschia triacanthos), de Paliure, de Citrus triptera (ou trifoliata). Dans certains pays, les haies d'ajoncs servent de clôtures et sont difficiles à franchir.

Les haies de Prunier myrobolan sont fort jolies par leurs fleurs.

Parmi les arbustes à feuilles persistantes, outre les **Ifs**, les **Houx**, les **Troënes**, les **Fusains** et les conifères cités plus haut, peuvent faire des haies : les Alaternes, certaines Epines vinettes, les Phylliræa, les Fontanesia, les Baccharis halimifolia dont le feuillage est gris.

Cette énumération, qui n'est d'ailleurs pas complète, serait tout-à-fait insuffisante, surtout en parlant des haies de jardins, si elle ne comprenait les haies de Rosiers. Beaucoup de Rosiers peuvent servir à former de véritables haies, surtout parmi les variétés à demi sarmenteuses, mais ceux qui donnent le plus facilement un bon résultat sont les variétés de Rosa rugosa (Rosier du Japon), et notamment, R. blanc double de Coubert, à fleurs blanches, R. Conrad Ferdinand Meyer, à fleurs roses, R. à parfum de l'Hay, à fleurs rouges [1].

---

[1] Il n'est pas question ici des si délicieuses bordures de Rosiers polyanthas, de Bengale, de Thé, d'Hybrides de Thé ou remontants, etc. qui ne sont pas taillés en haies.

Dans les pays où les hivers ne sont pas trop rudes, les jardiniers
ont à leur disposition bien d'autres ressources : les Escallonia, les
Véroniques et surtout V. Traversii, les Romarins, certaines Sauges, les
Pittosporum, les Myoporum....

Mais les vraies bordures taillées des jardins de l'Europe méridionale
sont les haies de Myrtes, si souvent répétées dans les anciens jardins
arabes, tels que celui de l'Alcazar de Séville. Elles ont tous les mérites,
car à la finesse et à la belle couleur de leur feuillage brillant s'ajoute
un délicat et pénétrant parfum.

Les palissades ou hautes parois de verdure étaient un élément
indispensable des jardins du XVII° siècle. Dezallier d'Argenville, qui
nous a conservé dans son livre de la *Théorie et Pratique du Jardinage*
les conseils de Le Nôtre, dit : " Les palissades, par l'agrément de leur
" verdure, sont d'un très grand secours dans les jardins pour couvrir les
" murs de clôtures, pour boucher ou arrêter la vue dans de certains
" endroits afin de ne point découvrir tout d'un coup l'étendue d'un jardin
" et pour corriger, racheter les biais et les coudes des murs..."

Elles sont aussi d'une grande utilité pour arrêter un dessin, cerner
des massifs d'arbres, former des abris, des écrans et à la fois des fonds.
Les personnes qui ne sont pas limitées dans leurs travaux par la perspective de grosses dépenses, y taillent des enfoncements, des niches, des
arcades, des portiques. Mais c'est aller à un entretien coûteux. De même
une palissade très élevée exige des échelles doubles ou des échafaudages
roulants pour être régulièrement taillée. Afin d'éviter ces frais et ces
soucis il suffit d'arrêter la paroi à une volée ou une volée et demie de
croissant, c'est-à-dire à 3 m. 50 ou 3 m. 80. Parfois la palissade est à
hauteur d'appui; c'est une banquette en forme de haie d'où l'on peut de
distance en distance laisser échapper un bouquet que l'on tond en boules,
en pyramides, parfois en animaux ou en figures de toutes sortes. En
d'autres cas, des arbres de haute tige s'élèvent de distance en distance,
leurs têtes se rejoignent et sont taillées en paroi assez grossièrement,
tandis qu'au bas une banquette de Charmilles, de Troënes, de Buis ou

de tout autre arbuste convenable, tondue avec soin, forme un trait continu reliant les tiges.

Une belle palissade est d'assez faible épaisseur. Elle épaissit toujours en vieillissant; aussi faut-il la tenir très serrée et la tailler régulièrement. Epaissie, elle a de longs rameaux qui plient sous le croissant, elle sera donc mal tondue; elle diminue la largeur des allées et manque souvent d'uniformité. Si elle est ainsi transparente, des masses d'arbustes derrière elle augmentent sa densité, son opacité.

Pour ces ouvrages, parmi les arbres à feuilles caduques (Charme, Tilleul, Orme, Erable, Hêtre), le Charme ou Charmille est l'arbre qui chez nous a toujours le mieux réussi, surtout où il y a air et bon terrain. Il produit beaucoup de menues branches sur toute la longueur de la tige et, plus on le taille, plus se multiplient les rameaux. En outre, ses feuilles sont petites, d'un vert brillant et agréable, et ne tombent que lentement de l'automne à l'hiver. Les Marronniers et les Platanes ont été parfois choisis à cause de leur croissance rapide. Il leur faut de vastes jardins.

Les conifères indiqués plus haut, notamment les Cyprès de Lawson et les Thuya occidentalis, sont excellents pour faire des palissades, mais de couleur sombre.

Une palissade fut assez remarquée, dont on voit à Saint-Cloud un bel échantillon contre le mur d'une terrasse, celle d'arbres de Judée, Cercis Siliquastrum : cet arbre si délicieusement mauve ou violet pourpré au printemps, que les Espagnols appellent « arbre de l'amour », se couvre de fleurs sur le tronc et sur le bois de tous ses rameaux. A cette explosion printanière de vive couleur succède un feuillage fait de petites rondelles d'un vert fin et clair.

Duhamel du Monceau recommande un autre arbre exquis au printemps :

« Avec le Cerasus Mahaleb nous avons formé des palissades; elles ont présentement 15 à 20 pieds (5 à 6 mètres) de hauteur et elles sont assez bien garnies dans toute leur étendue. Ces palissades sont surtout agréables au printemps, lorsque leurs fleurs, qui paraissent en même

JARDINS
LA ROSERAIE

temps que les feuilles, forment un émail admirable et répandent une odeur gracieuse. »

Quand on s'éprend du jardinage, rien n'arrête le cours d'une ingéniosité toujours éveillée qui trouve dans la nature innombrable matière à inventions charmantes. Il y a quelques années, dans les vieux et beaux jardins de Holland House, lady Ilchester avait trouvé cette ingénieuse combinaison : une palissade de Cytises Faux-Ebénier à laquelle s'attachaient des Rosiers sarmenteux. A peine les dernières grappes jaunes finissaient-elles de fleurir, que les premières Roses émaillaient cette muraille fleurie. Quand un visiteur français admirait sa trouvaille, elle s'empressait aimablement de dire qu'elle en avait pris l'idée en France.

✿ ✿
✿

TREILLES, PILIERS, ARCEAUX

E n'est pas entièrement au caprice inconstant de la mode que les treilles — en italien « pergola » — délaissées à certaines époques, doivent de reprendre aujourd'hui leur place.

Autrefois, jusqu'au XVIe siècle, et plus tard sous notre premier Empire, elles tiennent un rôle important.

Dans les arrangements pittoresques et paysagers, la treille n'est pas d'un emploi facile, de même qu'elle n'était pas un décor suffisamment large et noble dans les jardins amples, nets, taillés et pompeux des XVIIe et XVIIIe siècles. Il leur faut à la fois une certaine liberté dans la végétation et la régularité des formes, à laquelle nous tendons avec raison à revenir.

En France, aux colonnades ou « pergolas » italiennes nous préférions les charpentes de bois en berceaux, sinon les berceaux de charmille. Le mot même « charmille » indique bien qu'on les faisait le plus souvent en Charmes. Mais les berceaux de Tilleuls, d'Érables, d'arbres fruitiers et surtout de Poiriers puis, plus tard, de Platanes, de Marronniers, furent un élément habituel de nos jardins. Ils abondent dans les vues anciennes de jardins français ou hollandais.

Une tapisserie qui a figuré dans une exposition du Pavillon de Marsan représente, dans un jardin de la Renaissance, une charpente en berceau couverte de Roses.

Ce n'était pas un trait particulier à la France; des gravures du Songe de Polyphylle représentent de tels berceaux.

Le XVIIe et le XVIIIe siècle ont remplacé en France les treilles, qui furent abandonnées aux petites maisons des gens de la campagne, par des charmilles, et surtout par des ouvrages fastueux en treillage.

Ainsi treilles ou berceaux remplissent parfois le même rôle.

Dans le berceau, Charmilles ou Tilleuls, Érables, Ormes, Platanes, Marronniers, Poiriers ou même Noisetiers, construisent d'eux-mêmes leur voûte. Et en ce cas, les supports, de bois ou de fer, placés pour soutenir

MODÈLE DE BERCEAU
EN CHARPENTE DU
SONGE DE POLYPHYLLE

PERGOLA
ITALIENNE

au début le développement des rameaux. sont destinés à être dissimulés dans le feuillage et n'ont aucune fonction décorative [1].

Dans la treille, au contraire, les supports sont apparents.

En Espagne et en Italie, le plus souvent les treilles étaient habillées de Vignes, utiles à la fois par leur ombrage et par leurs fruits. Dans les pays chauds. sur les terrasses, les treilles de Vignes forment en effet un abri léger et ouvert sur les perspectives environnantes.

Dans la France moyenne. elles n'ont plus autant d'intérêt. La

[1] Dans les régions méridionales de l'Europe, les Platanes servent fréquemment à former des allées couvertes. Ils sont taillés horizontalement dans leur partie supérieure et assez bas. Les branches sont étalées et maintenues au début à l'aide de petites traverses de bois horizontales. Puis d'un arbre à l'autre elles se soudent par greffes en approche et forment ainsi un beau plafond continu.

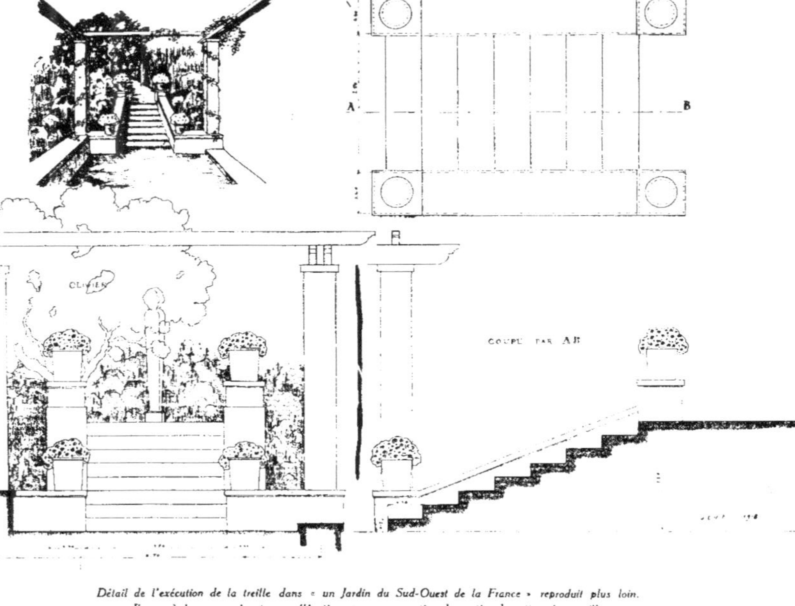

Détail de l'exécution de la treille dans « un Jardin du Sud-Ouest de la France » reproduit plus loin.
Il y a à la page suivante une élévation et une perspective de parties de cette même treille.

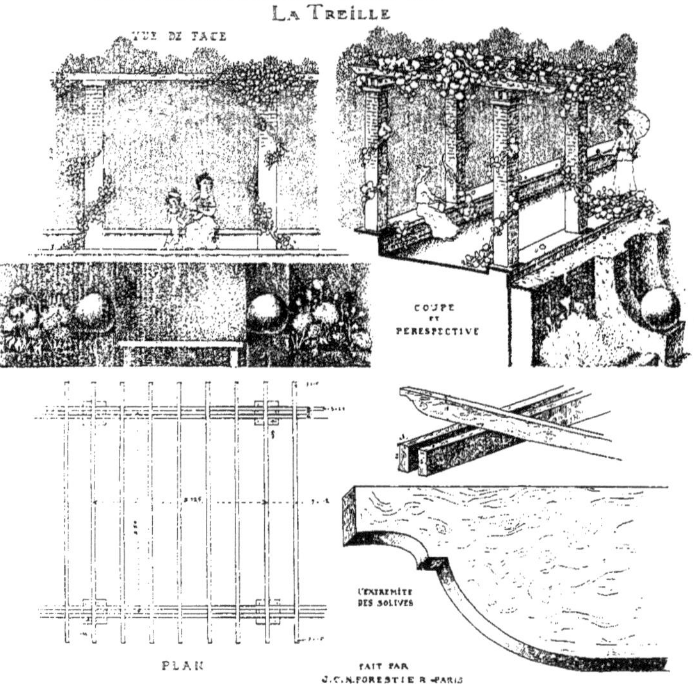

treille n'est qu'un agrément du jardin; elle permet de déployer la souple beauté de plantes sarmenteuses, de créer des abris et des fonds, surtout quand on craint que les grands arbres ne masquent la vue en s'élevant trop haut ou n'étendent un ombrage trop lourd sur les gazons et sur les fleurs.

C'est la raison même pour laquelle je terminai la roseraie de Bagatelle par une treille couverte de Rosiers sarmenteux; elle est précédée

par des guirlandes basses, puis par des cordons plus élevés ; elle forme
un fond rapproché, en avant de celui des grands arbres qui terminent
la perspective, sans donner un ombrage trop fort et sans avoir l'inconvénient des arbres, dont la proximité est toujours funeste aux Rosiers
voisins.

Dans les treilles ainsi faites, le plafond n'est pas continu ; non pas
qu'un berceau de verdure continue soit désagréable ; mais sa floraison
ne pouvant se produire qu'au soleil, il n'y aurait de fleurs que sur le

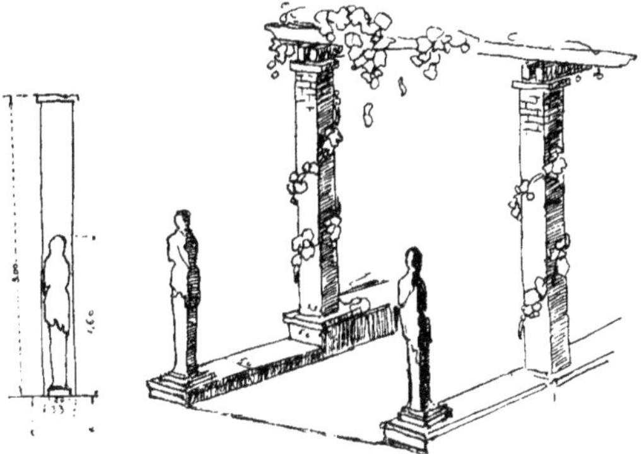

toit du berceau et non sous sa voûte. En espaçant les traverses, pour
laisser accès à l'air et au soleil. les Rosiers entourent chacune d'elles
de rameaux, de feuilles et aussi de fleurs. En pénétrant sous la treille
aux époques de floraison. on aperçoit une longue voûte admirable de
Roses.

Situation, usage. caractère du jardin commandent les dimensions
des treilles. Leur largeur est ordinairement comprise entre 2 et 3 mètres ;
elle ne descend guère au-dessous de 2 mètres : elle peut aller parfois à
3 m. 50 et 4 mètres, voire à 5 mètres. mais assez rarement. Si la hauteur
est inférieure à la largeur, l'allée couverte paraît plus enveloppée de
feuillage et plus fraîche. Mais ceci ne convient guère qu'avec des largeurs

de 3 m. 50 à 4 mètres, et particulièrement sur des terrasses près d'un parterre creux, ou de la mer. Si la hauteur est de beaucoup supérieure à la largeur, la treille risque de rester longtemps sans être couverte, surtout avec certaines plantes, telles que Clématites à grandes fleurs, Rosiers thés ou hybrides de thés. Une largeur de 2 m. 80, une hauteur de 3 m. 20 à 3 m. 50 sont des dimensions moyennes.

Les traverses du plafond exactement horizontales donnent, par un effet de perspective bien connu, une impression de fléchissement; c'est le motif pour lequel on entame en courbure concave la face inférieure de ces traverses (voir la gravure ci-dessus). Quand les piliers sont en bois équarris ou rondins, ils gagnent, pour la solidité et l'aspect de l'ensemble, à être gros et lourds, beaucoup plus gros même que les

traverses, par exemple, de 20 à 25 centimètres de côté, alors que les
traverses peuvent n'avoir que de 6 à 12 centimètres ou 8 centimètres sur
10 — ce qui est faible — ce sont là des dimensions de treilles ordinaires
de Chêne ou de Pitchpin et non de lourdes et fortes treilles sur piliers
de maçonnerie.

Mais ici comme dans toute autre question d'art, de telles indications
ne peuvent être posées en règles; ce ne sont tout au plus que des
renseignements; c'est le maître jardiniste qui trouve dans son inspiration
les formes et les dimensions qui correspondent le mieux à sa conception.

Un détail — le dallage du sol — ajoute souvent à la fermeté du

dessin de ces ouvrages et à la commodité de la marche. A l'ombre des treilles, le terrain, même sablé, peut être humide; le dallage le rend sec et sain. Afin qu'il ne nuise pas aux plantes destinées à couvrir la treille, il n'est pas posé sur un remblai de mauvais gravats, mais autant que possible sur des couches bien assises de bonne terre végétale. Il peut ne pas couvrir toute la largeur de l'allée et n'en occuper que la partie centrale, laissant libres les bords où sont installées les plantes. De même, le scellement des montants n'est fait bien souvent que sur les côtés intérieurs ou extérieurs, mais non pas sur les quatre faces, afin

que les racines puissent se développer sans être arrêtées par le petit
massif de maçonnerie du scellement qu'elles n'aiment guère.

C'est à ces menues précautions que le jardin devra la saine
vigueur de ses plantes et, en définitive, sa vraie beauté.

Les arceaux sont des éléments isolés de treilles ou de berceaux;
c'est dire qu'ils sont constitués par les seuls végétaux — Ifs, Cyprès,

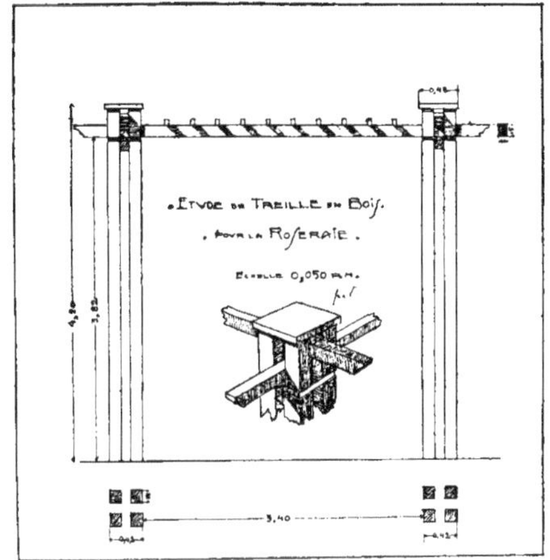

Charmilles, — ou par des supports apparents revêtus de plantes grimpantes — Vigne-vierge, Rosier, Clématite, Chèvrefeuille, Glycine, Tecoma,
Lierre....

C'est un charmant décor que les arcs formés par les branches
courbées d'un Coudrier, d'un Sureau, d'un Faux-Ébénier ou, dans le
Midi, de Myoporum, de Faux-Poivrier (Schinus molle), d'Acacias-Mimosas,
de Lauriers-Roses, — sinon de Cyprès, d'Ifs ou de Charmilles — réunies
au-dessus d'un passage, que des arceaux de Rosiers grimpants, de
Jasmins, de Chèvrefeuilles, de Vigne-vierges, de Lierres, de Clématites

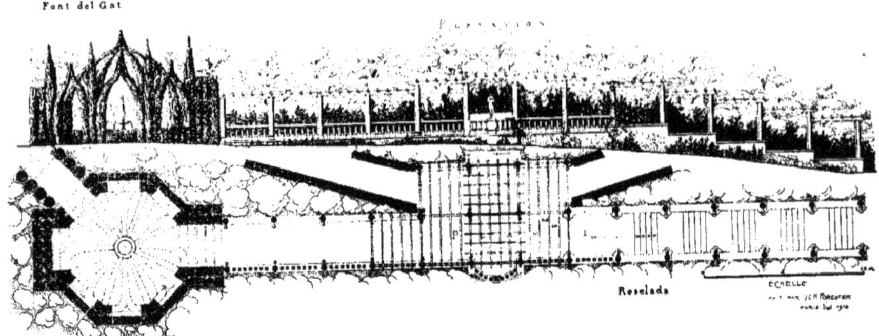

CETTE TREILLE A ÉTÉ EXÉCUTÉE SUR UNE DES
PENTES DE LA MONTAGNE DE MONTJUICH, DANS
LES GRANDS JARDINS RÉCEMMENT CRÉÉS PAR
LA VILLE DE BARCELONE. ELLE DOMINE DES
PARTERRES DE PLANTES DE COLLECTION ÉTABLIS
SUR UN ÉTROIT PALIER DE LA COLLINE, IMMÉ-
DIATEMENT AU-DESSOUS D'ELLE, ET, AU-DELA,
UN VASTE PANORAMA DE LA PARTIE NORD-EST
DE LA VILLE. ELLE SE TERMINE A UNE GLO-
RIETTE DE CYPRÈS, AU CENTRE DE LAQUELLE
JAILLIT D'UNE VASQUE UN MINCE JET D'EAU ET
D'OU PART UNE ALLÉE, AVEC DES MARCHES,
GRAVISSANT LA PENTE POUR S'ÉLEVER DANS
LES PARTIES PLUS HAUTES DU PARC :: :: :: ::

de montagne [1], interrompant, terminant une allée, abritant une porte ou un banc.

Quand les supports des arceaux sont apparents, pour donner plus de corps et aussi plus de solidité à ces constructions légères, elles sont habituellement doublées; elles se composent ainsi de deux arceaux très

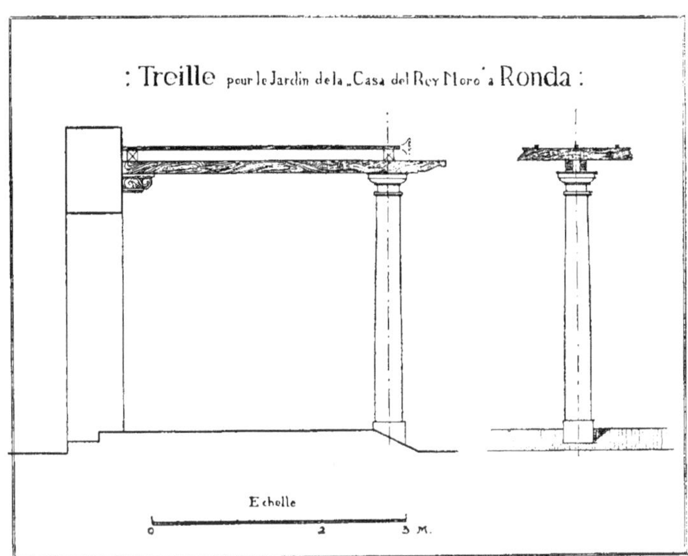

rapprochés, à 0,50 ou 1 mètre l'un de l'autre, reliés par une série de courtes traverses, bâtonnets, lattes, fers ronds, ou par un treillage. La silhouette sera ce qu'on préfèrera, rectangulaire, en plein cintre, en anse de panier... Les matériaux : bois rustique, bois sculpté ou simplement équarri, fer plat ou rond, en T....

Les armatures qui se vendent toutes faites, en fers et grillages

____

(1) Quelques nouvelles espéces de Clématites peuvent être aujourd'hui substituées aux Clématites de montagne, telles que C. Spooneri, C. Armandi grandiflora, etc.

galvanisé, sont ordinairement trop légères et se déforment rapidement; elles s'inclinent, risquent même de tomber tout-à-fait; cette fragilité est un inconvénient, et l'impression en est désagréable.

La colonne, le pilier destiné à être vêtu de plantes grimpantes, peut être fait de l'assemblage de quelques montants de fer ou d'un seul pilier de bois à section ronde, carrée ou polygonale, surmonté d'une boule, de quelque figure d'animal largement traitée. Plusieurs bois, plusieurs montants de fer, donnent à la fois plus d'épaisseur et plus de solidité à une colonne de plantes grimpantes. Selon le décor ou le mobilier du jardin, ils sont peints de couleur neutre ou vive, verte, bleue, blanche, jaune, orangée, noire, brune. Le bleu d'outremer foncé est souvent assez heureux, car il s'associe agréablement tant avec le vert des feuillages qu'avec la couleur des Roses.

La hauteur varie de 2 m. 50 à 5 mètres.

D'habiles ferronniers en ont construit en fer forgé.

Le Lierre, ainsi conduit sur un pilier, peut être légèrement taillé et former de belles colonnes de sombre feuillage.

Les plantes sarmenteuses sont nombreuses qui peuvent habiller treilles, arceaux ou piliers. Les treilles des pays du Midi étaient, et sont encore le plus souvent faites de Vignes qui, à leur ombrage léger, ajoutent l'agrément de leurs fruits violets ou dorés. Parfois, aux Vignes sont entremêlés des Rosiers. Dans les régions plus froides, aux Vignes délicates, la souveraine beauté de leurs fleurs a fait préférer les Rosiers. Les uns, aux rameaux vigoureux et souples, se couvrent d'un manteau éblouissant de fleurs, mais seulement pendant quelques semaines : les Dorothy Perkins, Lady Gay, François Juranville, et toutes les variétés issues des R. Wichuraiana. Il en est de même de maintes variétés de Rosiers multiflores, qui sont plus précoces, tels : Tausendschœn, Ile de France, American Pillar. Birdie Blye est une exception : moins vigoureux, il a par contre l'avantage d'avoir plusieurs floraisons successives dans le cours de l'été. Les R. Thés et les hybrides de Thés, les Bengales, ont des variétés sarmenteuses à floraisons successives; on les dit « remontants ». Ils portent des fleurs plus belles, moins abondantes, mais qui se renouvellent du printemps à l'automne. Tels sont Gloire de Dijon, la blanche Mme Alfred Carrière, la jaune William Allan Richardson, les jaunes aussi Duchesse d'Auerstaedt et Rêve d'Or, Sir de Léonie Viennot dont la fleur est vieux rose, le Rosier à Roses rouges Noella Nabonnand, Duchess of Sutherland à grosses fleurs roses; Mme Couturier Mention est un hybride de Bengale à fleurs rouges. Un Rosier sarmenteux tout récemment obtenu, Pauls' Scarlet Climber, se couvre, en juin, de fleurs écarlates éblouissantes que l'on retrouve encore de temps à autre dans le cours de l'été.

Dans les régions qu'épargnent les froids rigoureux, les Rosiers Banks sont d'une grande ressource, mais ils ne fleurissent qu'au printemps. Un arceau de Glycine et de Rosier Banks jaune de Fortune assemble délicieusement le mauve fin des fleurs de Glycine au jaune clair des R. Banks.

Les Vignes-vierges, et surtout la Vigne-vierge du Japon — Ampelopsis Weitchii — produisent vite des couverts épais, mais n'offrent qu'un feuillage abondant.

Les Clématites à grandes fleurs, C. Jackmani, C. patens, C. lanuginosa, ont donné des variétés à fleurs mauves, blanches, bleues, larges et magnifiques. Les C. Viticella, beaucoup plus vigoureuses, produisent d'innombrables fleurs d'un violet pourpré ou blanches. Les C. montana ne fleurissent qu'au printemps, mais croissent avec une grande rapidité. Il en est de même de Clematis Armandi grandiflora, C. Cirrhosa et C. Balearica.

En hiver, au soleil, fleuriront, quoique avec des rameaux dépouillés de feuilles, le Jasmin nudiflore et le Jasmin « primulinus ».

J.C.N. FORESTIER 1919

Les Tecoma fleurissent longtemps en été. Les Chèvrefeuilles ont
un parfum délicieux; un des meilleurs, aujourd'hui, est le Lonicera
Halleana, mais le L. Heckroti, moins parfumé, ne cesse de fleurir.
Les Cobæa, Eccremocarpus Scaber[1], Capucines sont annuels;
les Coloquintes aussi, mais elles sont divertissantes
par la bizarrerie si variée de leurs courges
qui pendent au plafond de la treille.

----

(1) Les Cobæa, l'Eccremocarpus Scaber, quelques Ipomæas et Capucines même sont proprement des
plantes vivaces ou sub-ligneuses; mais elles sont considérées et cultivées comme annuelles dans notre
pays parce qu'elles n'en peuvent supporter les hivers.

J.C.N. FORESTIER
octobre 1919 Paris.

ORSQUE la variété des niveaux n'est pas le résultat de la conformation naturelle du terrain, il est le plus souvent utile de la créer artificiellement.

Construire des terrasses et des escaliers en est la conséquence, et ils ne sont pas les moindres ornements dont on puisse heureusement tirer parti.

Quelques architectes de jardins pourtant, et surtout en Angleterre, dans le dernier siècle, recommandaient d'éviter les terrasses et de les remplacer par des vallonnements, des terrassements en pente, sur lesquels les allées descendaient aussi doucement que possible.

Ils avaient en vue non seulement d'épargner les escaliers à ceux qui les redoutent dans leur paisible promenade et aux jardiniers qui ont à conduire chariots ou brouettes, mais aussi de ne pas compromettre le côté agreste de leurs paysages par des ouvrages d'architecture.

Cependant il ne semble pas qu'il soit possible d'égaler ainsi la beauté des terrasses. Larges, horizontales, tranquilles, elles dominent les vues lointaines ou le seul déroulement du jardin ; répétées et superposées sur un versant de colline, par leurs lignes de lumière ou d'ombre, elles finent nettement le tracé ; elles ennoblissent les pentes. Unique, à elle seule, une belle terrasse peut être tout le jardin.

Dans les escaliers, le dessin, l'emploi des divers matériaux, les combinaisons les plus variées, le rapprochement des pierres. de la brique, de l'eau, des plantes grimpantes, des vases, des arbustes et des fleurs,

permettent maints aspects divers. Il est aisé de les adapter à tous les mouvements du jardin. Ils servent de prétexte à des ornements plastiques, à un cadran solaire. Ils peuvent accompagner des bassins, des fontaines.

Il en est qui sont accompagnés de rampes douces, d'un facile accès; ces rampes ont pour objet de permettre le service des brouettes, des voitures, des chariots. Celles des jardins de Versailles avaient été faites pour la chaise roulante du roi.

Les escaliers ont pour rôle de se substituer, pour gravir une différence de niveau, à des allées en pente trop rapide. Il suffit, pour corriger la trop forte inclinaison d'une allée, de disposer de temps à autre quelques marches. Au surplus, un escalier continu, sans paliers de repos, non seulement est fatiguant, mais produit, à la descente, une impression très désagréable.

Autrefois, le palier de repos était considéré comme nécessaire

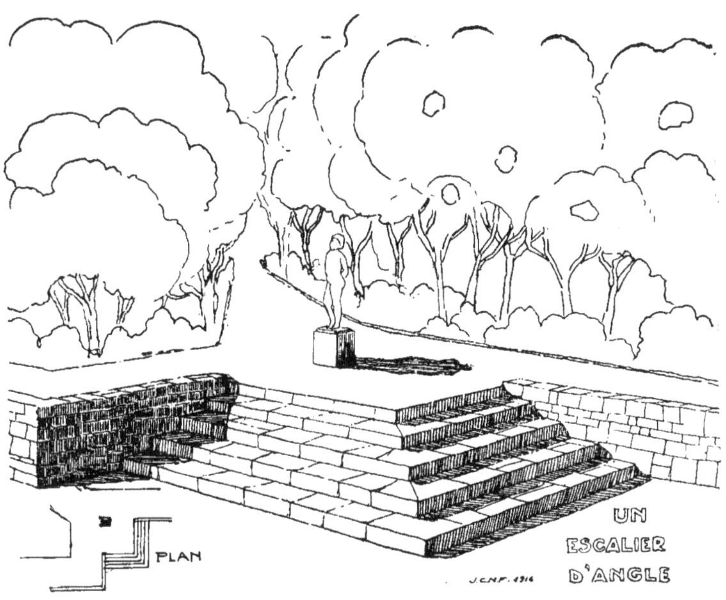

après 12 marches; aujourd'hui, nous admettons, pour la commodité de la promenade, qu'il en faut au plus de 7 à 9.

Il arrive que des degrés larges sont faits pour atténuer des rampes trop fortes. Ces marches peuvent être d'une largeur incommode, quand l'intervalle trop court ou trop long ne permet pas d'alterner naturellement le pas. Cet inconvénient est évité en donnant aux marches une hauteur telle que la somme de deux fois cette hauteur exprimée en centimètres additionnée à la largeur soit comprise entre 130 et 140 centimètres environ.

Les escaliers de gazon ne peuvent être considérables; ils ne sont ni bien solides, ni de longue durée; pourtant, si nous avons entièrement perdu ceux de Marly, qui furent considérés comme des chefs-d'œuvre en leur genre, il en est resté et on en fait encore quelques autres; tels sont ceux qui, à l'extrémité des parterres du château de Raba (près de Bordeaux), conduisent au pavillon des Muses. Au moins ces escaliers sont-ils toujours verts, faciles à exécuter, sinon à maintenir en bon état.

C'est aux escaliers de pierre et de brique que l'on a le plus communément recours. Ils peuvent s'appuyer aux murs des terrasses, descendre en perrons pompeux et vastes à marches droites, comme aux Tuileries et à Versailles. A la villa d'Este, ils s'enroulent en demi-cercles autour de bassins et de gerbes d'eau.

Ils peuvent être dessinés en ovale ou en cercle parfait, à marches concaves ou convexes, ou bien concaves dans la partie supérieure, et convexes dans la partie inférieure, avec un palier central épousant la forme ovale ou circulaire.

Qu'ils soient circulaires, avec des marches concaves ou convexes,

LES JOINTS DU MUR SONT EN
MORTIER DE CHAUX MÊLÉ
DE TERRE VÉGÉTALE POUR
RECEVOIR DES PLANTES DE
MURAILLE. — AU DÉPART DE
L'ESCALIER, DEUX *BIOTA
ROSÆDALIS* ∷ ∷ ∷ ∷ ∷ ∷

ou avec les deux alternativement, qu'ils soient droits, simples ou flanqués d'ornements : vases, pyramides, boules... les escaliers de brique, fréquemment employés dans les régions où la pierre est rare, associent très heureusement aux verts des feuillages et aux fleurs, leurs taches rouges rayées par les joints parallèles ; parfois, ils sont surmontés de pots de jardiniers rouges aussi de la couleur de terre cuite, ou peints de couleurs vives.

Avec le temps et assez rapidement, les joints, de blancs ou gris, prennent une teinte d'un vert léger de la couleur des mousses, des frêles graminées, des plantes pariétaires qui s'y installent naturellement.

Il n'est pas rare de trouver en Angleterre des escaliers soit de briques, soit de pierres, où cet effet de la vieillesse est volontairement recherché : au lieu d'employer un mortier trop dur, on y mêle de la terre et diverses graines ; on y installe aussi des plantes vivaces à fleurs et toutes les mille plantes de murailles. C'est ainsi que je trouvai, un jour, dans le joint d'une marche, une Campanule pyramidale ; les hautes tiges aux fleurs bleues — qui encombraient bien un peu l'escalier — paraissaient, en été, avoir tout naturellement germé entre les briques.[1]

N'est-ce pas, pour atteindre au pittoresque, faire trop d'efforts et user de sensibilité trop ingénieuse ?

Les dimensions des marches doivent être attentivement étudiées. Autrefois, une bonne hauteur moyenne pour chacune d'elles était de 15 centimètres ; leur profondeur, de 38 centimètres ; ces mesures, qui ne sont pas celles habituellement en usage dans les escaliers d'intérieur, ne peuvent pas être nécessairement et rigoureusement maintenues dans tous les cas. Elles peuvent varier dans certaines limites selon la différence des niveaux à franchir, le nombre des marches, la forme et le nombre des perrons ou tout autre circonstance.

J'use habituellement d'une formule, trop simple il est vrai, mais facile à retenir :

Si H désigne la hauteur des marches, G, leur largeur au giron, le profil doit approximativement être déterminé par la formule :

69 centimètres $\geqslant$ 2 H + G $\geqslant$ 66 centimètres,

ESCALIER   CIRCULAIRE
A LA CROISÉE DE DEUX
ALLÉES MONTANTES ::

c'est-à-dire : la somme, exprimée en centimètres, obtenue en additionnant la largeur avec deux fois la hauteur d'une marche doit être comprise entre 66 centimètres, qui est faible, et 69 centimètres, qui est fort.

Les escaliers dont les degrés sont larges et bas, sans pourtant que leur hauteur soit inférieure à 10 centimètres, sont faciles à la marche, paraissent agréables, et assurent plus de tranquillité à l'ensemble des lignes.

Cette impression est accentuée en donnant aux marches les plus basses des largeurs progressivement croissantes ; par exemple, si les dimensions normales pour un perron de 9 marches sont de 15×38, la marche la plus basse pourrait avoir 50 centimètres, la seconde, environ 45 centimètres, la troisième, 40 centimètres, et les suivantes, 38 centimètres. Ce ne sera pas tout-à-fait arbitrairement que ces dimensions s'obtiendront, mais à l'aide d'une courbe dessinée de sentiment sur le profil du perron.

Dans les escaliers d'intérieur, où la place est mesurée, la formule habituellement employée est : $2 H + G = 64$ centimètres. On en corrige la raideur et l'incommodité par des bords en saillie ou nez, afin d'augmenter d'autant la profondeur de la partie horizontale où se pose le pied.

Disposition le plus souvent sans utilité dans les jardins. Avec les marches taillées d'équerre sans bords en saillie ni moulures, l'escalier apparaît plus assis, plus solide. Le temps bientôt adoucira les arêtes trop vives et les pierres se vêtiront des jaunes et vertes taches de mousse.

PLANS, COUPES, PERSPECTIVES
DE QUELQUES PETITS JARDINS

*Ce n'est réellement qu'au goût et au sentiment à donner
la raison des choses qui échappent à toutes règles.*

1

JARDIN SUR TERRAIN DE 28 SUR 65 MÈTRES

C E petit jardin est, comme on le voit, une inspiration assez directe des jardins du XVIII* siècle français, sauf la disposition des six arbres du fond. Il y a aussi à excepter la disposition du massif rond planté à l'extrémité de l'axe principal, — couronne formée d'une succession de points noirs, faits de Buis taillés, assez rapprochés, dans les intervalles desquels brillent davantage les fleurs.

Le fond est constitué par une paroi taillée en Ifs, Charmilles, Thuyas, ou Cyprès de Lawson, voire en Buis — mais de ces dernières plantes la croissance est bien lente.

Cet arrangement est pour satisfaire au goût des personnes qui ont une préférence pour les formes de parterres très employées en France au XVIII* siècle, bien qu'il n'en soit ni une copie, ni une imitation exacte.

Il n'était pas utile de donner encore ici une nouvelle reproduction d'une œuvre ancienne ; on en trouve trop aisément des exemples dans tous les recueils de dessins et plans de jardins.

A ceux qui pourraient avoir à exécuter ce jardin ou un arrangement analogue, il est bon de recommander de tenir le tapis de gazon non seulement très horizontal. mais au niveau même du sol des allées. Seules, les plates-bandes du cadre seront de quelques centimètres plus hautes. — Les coupes, en raison de la très petite échelle du dessin, pourraient à cet égard donner une idée inexacte.

✿ ✿ ✿
✿

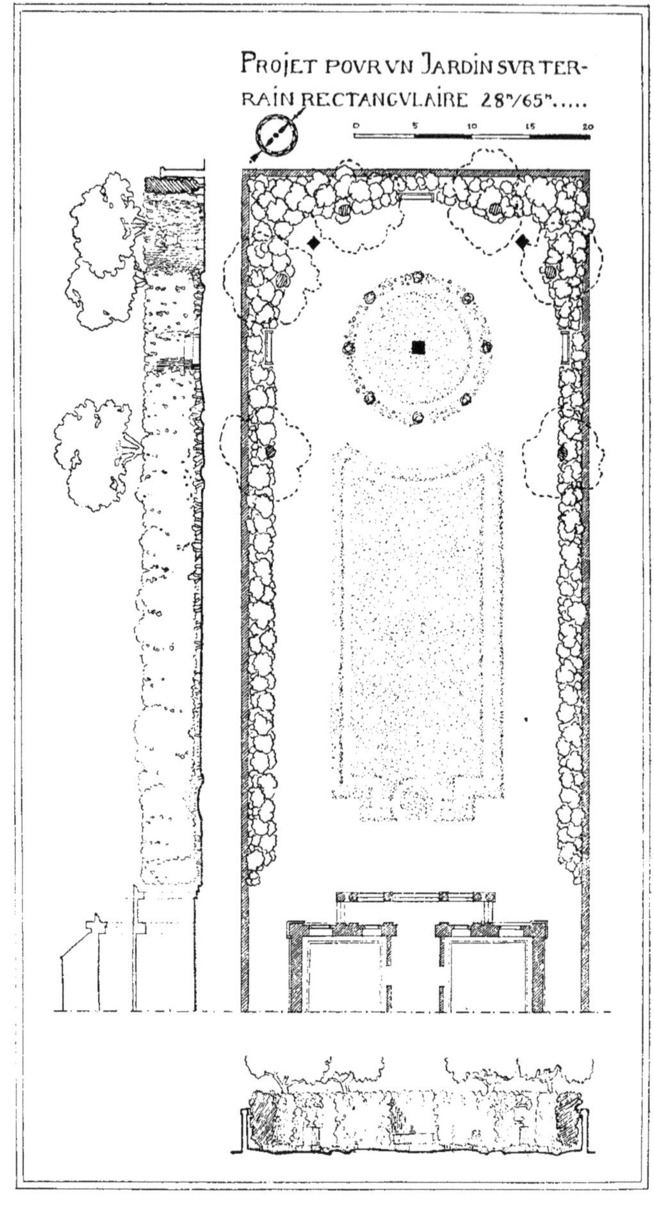

PROJET POVR VN JARDIN SVR TER-
RAIN RECTANGVLAIRE 28ᵐ/65ᵐ.....
0   5   10   15   20

II

JARDIN DE 35 SUR 70 MÈTRES

L E rez-de-chaussée de la maison domine sensiblement le jardin, qui doit être de forme allongée et présenter de chaque côté deux vues pour des fenêtres principales. Afin de le faire paraître le plus vert possible, au lieu de le découper en beaucoup d'allées, l'équilibre est obtenu par une treille d'un côté et un bassin en canal de l'autre. L'allée sous la treille est ainsi ombragée sans apparaître trop blanche et trop sèche, et le feuillage bas ne gêne pas la vue.

Les arbres sont disposés pour donner aux masses de verdure un peu de saillie en hauteur et contribuer à masquer de la maison la grande partie dallée du fond, qui doit servir aux repos et aux promenades d'été. La plate-bande de fleurs creusée dans ce dallage a un double rôle : mettre sa couleur entre le grand tapis de gazon et le massif d'arbustes du fond, et atténuer l'aspect trop sec du dallage.

La disposition du bassin qui, comme on le voit, est combiné avec les axes, peut recevoir des plantes aquatiques : Caltha, Nymphæ, Pontederia, Iris Kempferii, Nelumbium, Sagittaires, etc. L'arbre placé presque au centre de cette composition doit donner une ombre légère sur un coin de la pelouse ; ce pourrait être un Catalpa, un Gleditschia, un Robinia pseudo Acacia, var. Decaisneana (à fleurs roses).... A noter que l'escalier est disposé pour recevoir, au niveau intermédiaire et au niveau inférieur, des plates-bandes de fleurs.

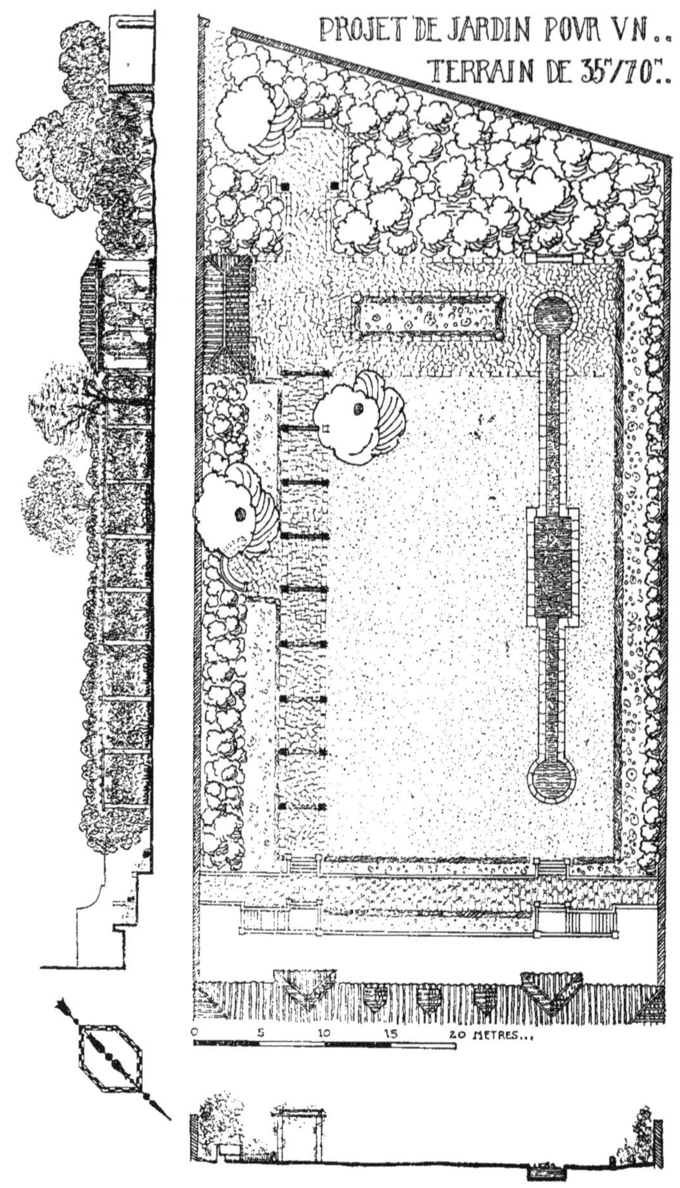

PROJET DE JARDIN POVR VN..
TERRAIN DE 35ᵐ/70ᵐ..
O   5   10   15   20 METRES...

JARDIN SUR UN TERRAIN HORIZON-
TAL DE 35 SUR 70 MÈTRES, MAIS
A UN NIVEAU INFÉRIEUR AU
REZ-DE-CHAUSSÉE DE LA MAISON

JARDIN DE 550 MÈTRES CARRÉS

C E tout petit terrain en rectangle très allongé, puisqu'il n'a guère
que 15 mètres de large, n'a que très peu de gazon ; mais une
courte allée encadrée de fleurs, des arceaux, quatre piliers de
treille au-dessus d'un banc, permettent d'avoir des ombrages bas sans
trop enlever le soleil au jardin, et de jouir de la beauté des Rosiers sarmenteux, des Glycines, des Tecomas, des Chèvrefeuilles, des Clématites,
et des Vignes quand le climat le permet.

Dans cette partie arrière du jardin, des arbres fruitiers donneraient
des fruits, et aussi un ombrage modéré.

A l'entrée, qui est au nord-ouest, il n'y a pas d'inconvénients à placer
deux beaux arbres : Tilleuls de Hollande, Tilleuls argentés, Erables,
beaux Marronniers à fleurs rouges (Marronniers de Briot)
ou, si le terrain est assez profond, et le climat chaud
et sec, des Sophora (S. Korolkowi), qui auront
l'avantage de pénétrer profondément dans
le sol et de conserver leur feuillage
malgré la sécheresse. au contraire des Tilleuls,

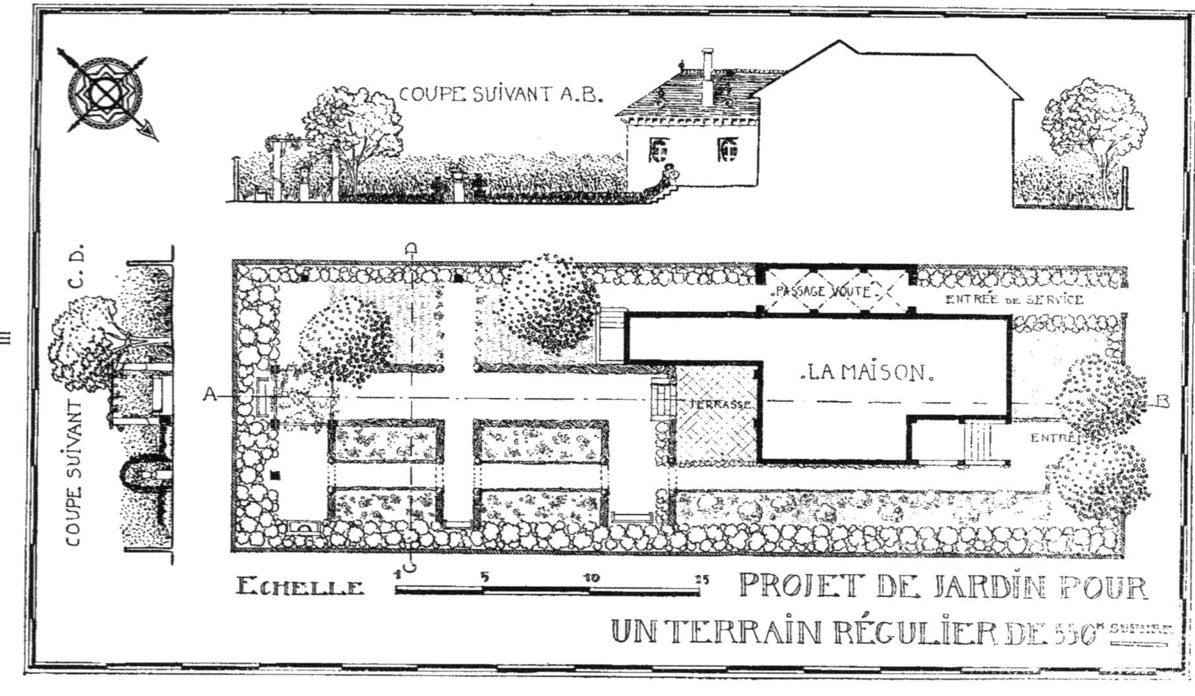

COUPE SUIVANT A.B.
COUPE SUIVANT C. D.
PASSAGE VOUTÉ
ENTRÉE DE SERVICE
.LA MAISON.
TERRASSE
ENTRÉE
A
B
C
D
ÉCHELLE
1 5 10 15
PROJET DE JARDIN POUR
UN TERRAIN RÉGULIER DE 550m superficie

PETIT JARDIN DE
550 MÈTRES CARRÉS

JARDIN DE 650 MÈTRES CARRÉS

Dans ce terrain de très peu d'étendue et de forme rectangulaire très allongée, la maison est au milieu : entrée de service sur une face ; entrée principale sur l'autre. De ce côté, l'espace resté libre est plus grand, afin qu'il soit possible de l'orner avec quelques fleurs et une courte treille placée en face de la porte. Ce dégagement d'entrée est continué dans toute la longueur du jardin pour aboutir à un banc placé sous un abri, auquel on arrive entre deux haies de Rosiers et sous deux arceaux de Rosiers sarmenteux. Une place assez large est réservée à quelques cultures potagères.

La salle principale, afin d'être au midi, est du côté de la rue, mais elle en est séparée par une pelouse qui est ménagée aussi large que possible.

La partie en potager est séparée de l'allée des Rosiers par une paroi verte en Thuyas, Cyprès de Lawson ou Ifs, qui présente le double avantage de donner un fond sombre aux Rosiers et de servir de coupe-vent.

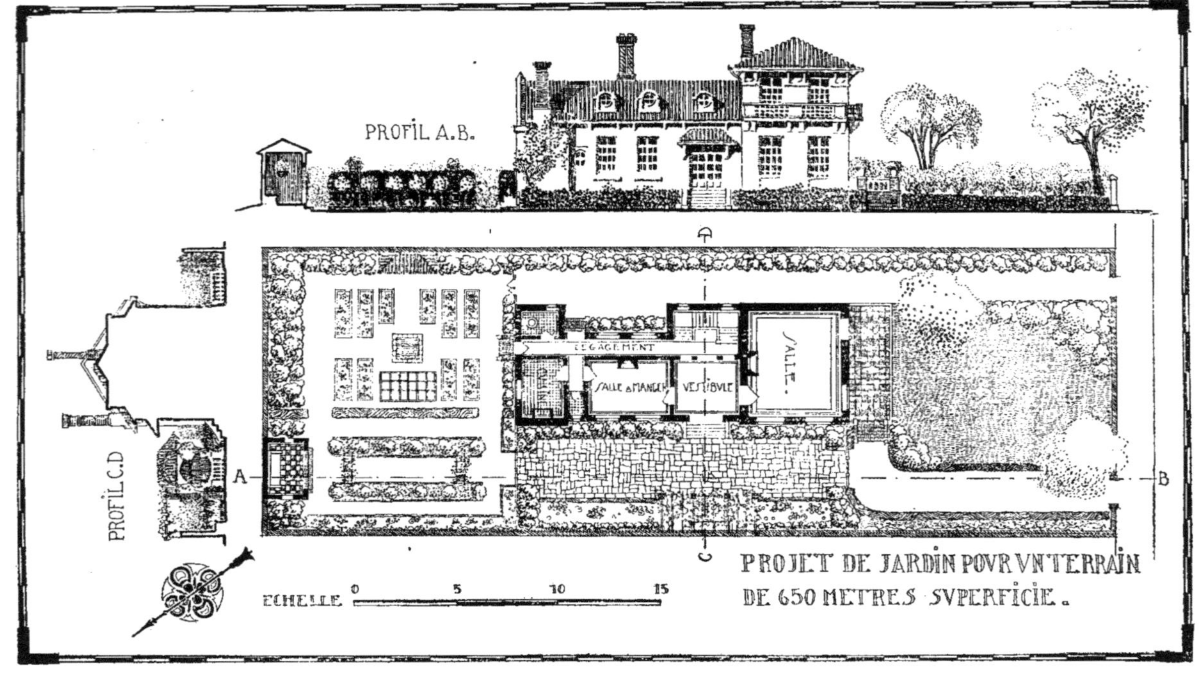

IV
PROFIL A.B.
PROFIL C.D
SALLE.
SALLE A MANGER
VESTIBVLE
DEGAGEMENT
A
B
C
D
ECHELLE
0
5
10
15
PROJET DE JARDIN POVR VN TERRAIN
DE 650 METRES SVPERFICIE.

VUE PERSPECTIVE
D'UN PETIT JARDIN DE
650 MÈTRES CARRÉS
ENVIRON DE SUPERFICIE

V

JARDIN SUR UN TERRAIN DE 650 A 700 MÈTRES
DE SUPERFICIE

Ici, comme dans beaucoup d'autres arrangements suivants, la maison est éloignée de la rue par une petite partie de jardin, — que les Anglais appellent « front garden ». Souvent des servitudes de voirie les rendent obligatoires dans certaines voies de grandes villes. Cette disposition a d'ailleurs l'avantage d'épargner en grande partie à la maison la poussière, le bruit de la rue, et les gaz d'échappement des automobiles. Elle donne à chaque maison plus d'air et de lumière, et forme pour la rue un cadre de plantes verdoyantes et de fleurs.

Le plan, très simple, n'a pas besoin d'explications. Le trait principal consiste en un banc transversal dont le dossier sert de soutènement au fond du jardin, qui se trouve à un niveau supérieur.

Tout l'intérêt de cet arrangement réside dans son allée centrale qui présente une succession de petits escaliers et dans ce banc, remplaçant un talus, dont le dossier peut supporter des vases ou des pots de fleurs, au devant du fond relevé en terrasse.

Les deux grands carrés sont bordés d'une haie taillée — Ifs, Buis, Fusains, Troënes ; si le terrain est sec, Lavande, etc. Ils s'appuient sur les lignes d'arbustes en masses bien fournies, et ils peuvent être ainsi remplis de plantes vivaces à fleurs et de plantes annuelles au goût du maître de la maison et donner un grand éclat de couleur au premier plan.

Si l'orientation est celle indiquée sur le plan, ce sera sur le piédestal que sera placé le cadran solaire ; si elle est en sens contraire, il pourra être placé sur le mur de la maison.

Sur le côté, devant cette façade latérale vue dans la perspective, ce sont quelques Rosiers à tiges qui sont disposés sur le gazon.

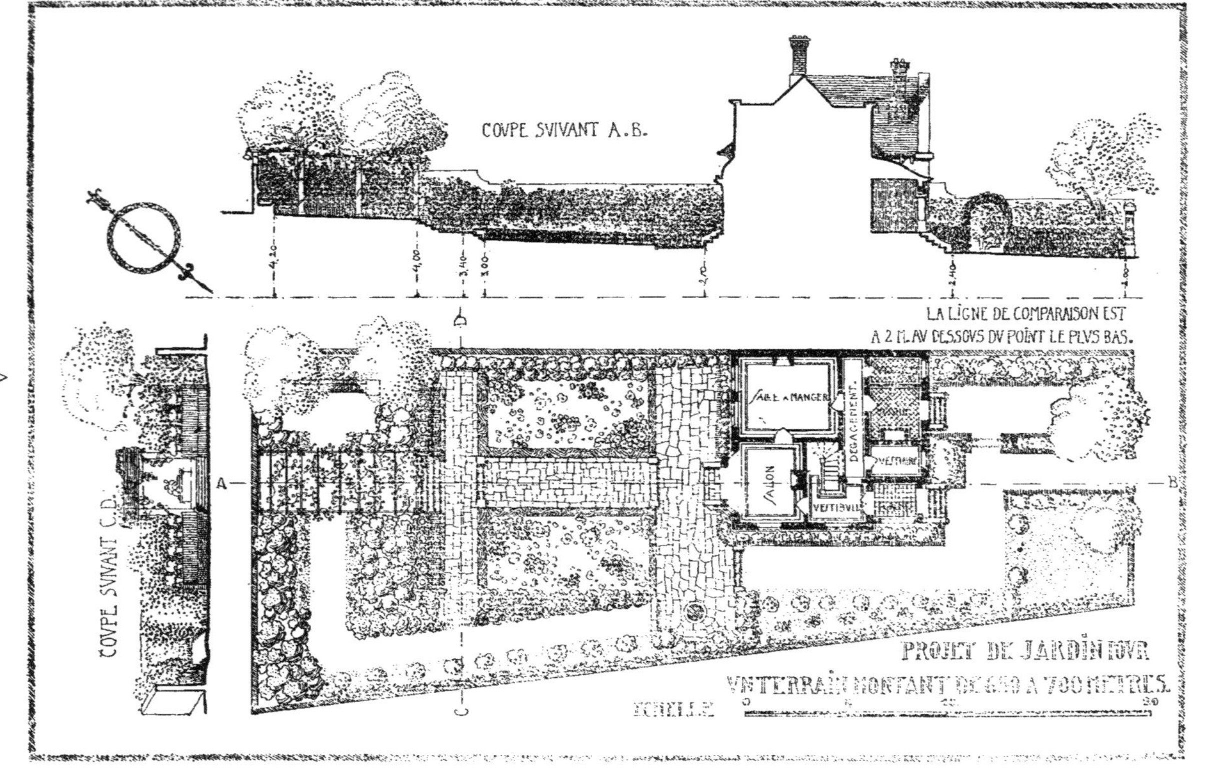

COVPE SVIVANT A.B.
COVPE SVIVANT C.D.
LA LIGNE DE COMPARAISON EST
A 2 M. AV DESSOVS DV POINT LE PLVS BAS.
SALLE A MANGER
DEGAGEMENT
VESTIAIRE
SALON
VESTIBVLE
A
B
C
D
PROJET DE JARDINIER
VN TERRAIN MONTANT DE 610 A 700 METRES.
ECHELLE

PERSPECTIVE D'UN JARDIN POUR UN TERRAIN MONTANT DE 650 A 700 MÈTRES DE SUPERFICIE.

TERRAIN DE 1000 MÈTRES CARRÉS

ERRAIN sensiblement égal où l'on a ménagé un abaissement vers le fond pour apporter quelque variété dans ce terrain exigu.

Cette légère différence de niveau donne ainsi prétexte à un petit mur de soutènement qui servira d'appui et de protection à quelques fleurs. C'est le cas d'utiliser, avec des plantes annuelles, quelques plantes vivaces à fleurs.

En avant et en arrière de la maison, des pelouses le plus larges possible.

Sur les bords, suivant l'orientation, une large plate-bande de fleurs appuyées contre des masses vertes d'arbustes qui font la limite.

Peu d'arbres, en raison de l'exiguité du terrain.

Du côté du jardin, des arbrisseaux seulement, afin de ne pas trop arrêter la lumière et empêcher, dans le petit carré ménagé devant la treille du fond du jardin, la culture des fleurs ou de quelques légumes. Ces trois arbrisseaux pourraient être : Kælreuteria, Pêchers de Chine à fleurs rouges, Cerisiers de Siebold, Catalpa Bungei,... ou des arbres fruitiers : Cerisiers, Pruniers, Pêchers, Pommiers, selon le pays et le goût de chacun.

Si la treille dans le fond du jardin n'est pas suffisamment ensoleillée, il la faudra couvrir de Chèvrefeuille, dont les bonnes variétés sont très nombreuses, de Rosiers hybrides de Wichuraiana les plus vigoureux, tels que Dorothy Perkins, Albéric Barbier, François Juranville, Désiré Bergera, etc.

Il peut être agréable, si elle reçoit suffisamment de soleil, d'y mêler Vignes et Rosiers à floraisons successives, tels que : Reine Marie-Henriette, William A. Richardson, Deschamps, Reine Olga de Wurtem-

berg. Madame Arthur Oger. Paul's Scarlet Climber. Duchess of Sutherland. Madame Bérard. Madame Alfred Carrière. etc....

Dans la perspective. la partie en premier plan est considérée comme ayant reçu une collection de Rosiers.

Sur le devant de la maison. les trois arbres peuvent être trois Tilleuls dont les deux plus éloignés de la maison. Tilleuls de Hollande, et le plus rapproché. Tilleul argenté : on jouit ainsi plus longtemps du parfum délicieux des fleurs qui. sur le Tilleul argenté, viennent immé-

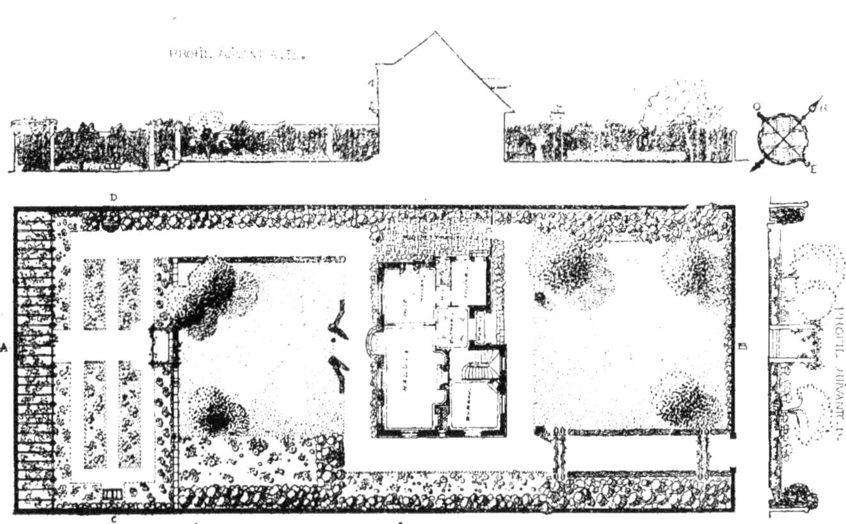

PROJET DE JARDIN POUR UN TERRAIN
EN PROFONDEUR DE 1000 m² SUPERFICIE. ECHELLE

diatement après celles du Tilleul de Hollande. — *S'il n'y a pas trop de poussière* sur la route ou avenue bordant ce jardin, aux deux Tilleuls de Hollande on peut substituer des cônifères, tels un Cupressus Lawson et un Sequoia Gigantea, dont la croissance est très rapide.

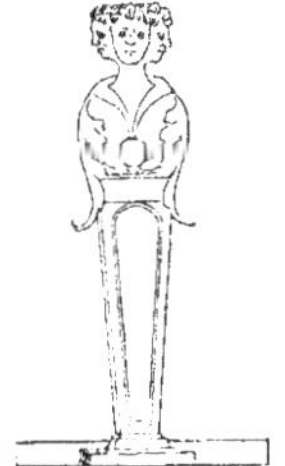

.

VII

JARDIN DE 1250 MÈTRES CARRÉS ENVIRON

CE terrain n'a qu'une façade en angle, et la forme du lot, quoique irrégulière par suite d'un lotissement formé sur un carrefour, n'est pas défavorable.

Le jardin d'ornement occupe la partie la plus profonde, laissant en belle lumière la façade de la maison. Pour donner à la perspective une plus forte impression de longueur, il est resserré entre deux parois d'arbustes taillés — Ifs, Buis, Charmilles, Cyprès de Lawson ou de Lambert, etc.

La paroi se poursuit dans le fond et forme un exèdre.

Devant cette muraille de vert sombre, des montants de marbre, de briques ou simplement de bois peint en blanc ou en vert clair, ou même en bleu, servent de supports à des Rosiers, à des Clématites à grandes fleurs. L'éclat de ces fleurs sur le fond est reflété par un bassin en demi-lune, qui peut être utilisé pour des cultures de Nymphœas jaunes, blancs, rouges...

Le jardin est, pendant la plus grande partie de la journée, à contre-jour, ce qui ajoute à la profondeur des fonds, à la condition toutefois qu'ils soient épais.

Sur les côtés, de larges plantes-bandes garnies de plantes annuelles et vivaces s'appuient contre la paroi sombre.

Le milieu est un long tapis de gazon très uni et très plat, légèrement encaissé : ses bords sont ponctués par de petits clous en Buis ou, si l'on préfère, par des arbustes à fleurs, formés soit en boules sur tiges, soit en pyramides — Lilas, Épines rouges, Boules de neige, Althœas, Rosiers en parasols (dits « Standards »)...

VUE PERSPECTIVE D'UN JARDIN
DE 1250 MÈTRES CARRÉS DE
SUPERFICIE, EN TERRAIN
SENSIBLEMENT HORIZONTAL MAIS
LÉGÈREMENT CREUSÉ AU MILIEU

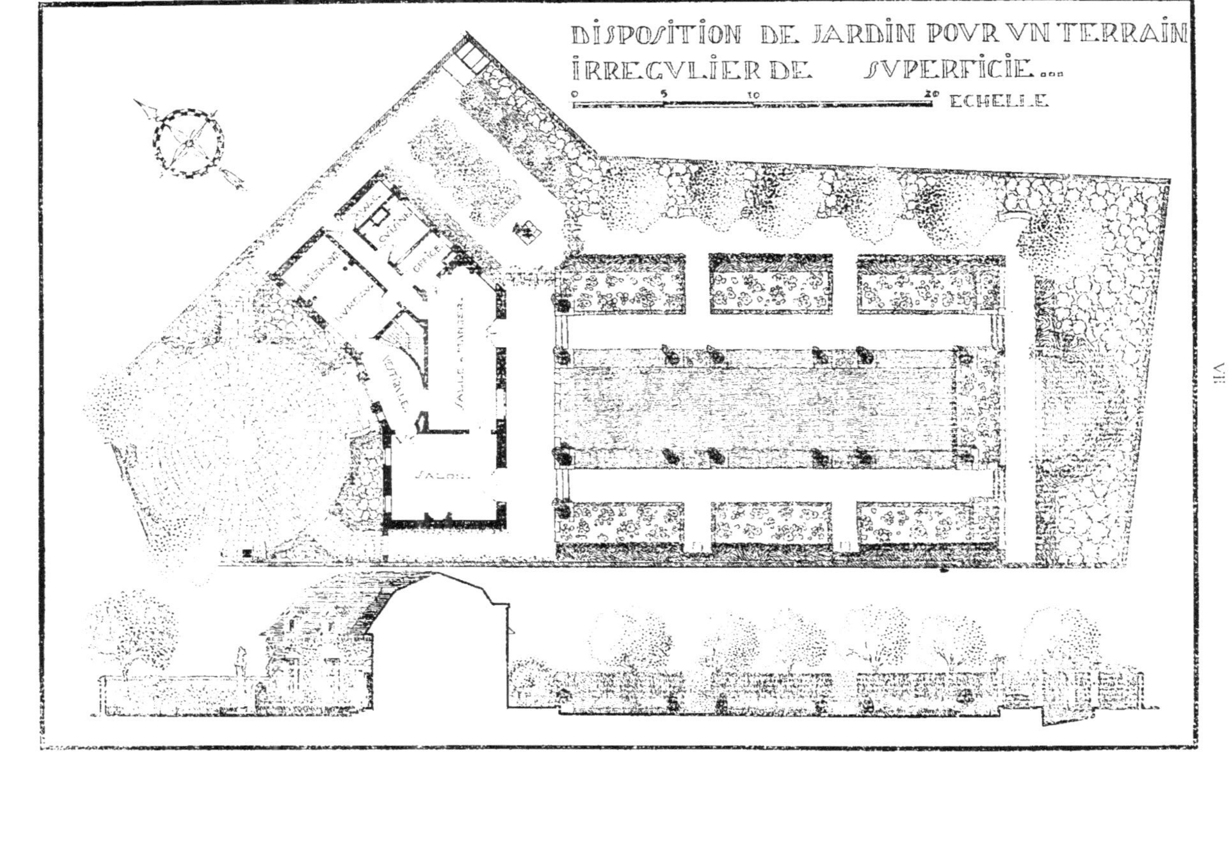
DISPOSITION DE JARDIN POVR VN TERRAIN
IRREGVLIER DE SVPERFICIE...
ECHELLE
CVISINE
OFFICE
VESTIBULE
SALLE A MANGER
SALON

Sur le côté, afin de ne pas donner d'ombre au jardin, tout en abritant l'allée latérale, est une rangée d'arbres de plusieurs espèces et qui peuvent être des arbres fruitiers.

Enfin, la petite partie restante, située devant la cuisine est, soit une cour pour la cuisine et l'étendage du linge, soit un petit jardin potager, suivant la disposition qui est indiquée au plan.

Les dessins donnent une idée suffisante de l'entrée.

VIII

TERRAIN DE 1500 MÈTRES CARRÉS

L E terrain est exactement rectangulaire. La maison s'ouvre sur une
large terrasse dallée. Dans le dallage sont réservés deux rectangles allongés destinés à contenir des fleurs encadrées d'une
bordure de plantes vertes taillées — Buis ou petits Fusains, au besoin,
Lavande naine, etc.

Cette terrasse n'est élevée au-dessus de la grande pelouse unie et
horizontale que de trois marches, c'est-à-dire de 0,35 à 0,45.

Au pied du petit mur qui la soutient sont plantées, sur une seule
épaisseur, quelques plantes vivaces basses à fleurs.

Sur un côté, une [treille continue le niveau de cette première
terrasse. Elle est équilibrée de l'autre côté par un passage en gazon.

Le fond du jardin est à nouveau recouvert de dallage.

La treille transversale, terminée par un pavillon à l'angle, ombrage
l'allée — qui forme terrasse — si le mouvement naturel du terrain en pente
continue au dehors du jardin.

Le bassin carré, éloigné de tout ombrage, serait très favorable à
la culture de Nymphœas de toutes couleurs.

Cette partie, qui forme un second compartiment du jardin, est
séparée de la grande pelouse par des masses d'arbustes qui, en laissant
libre, au milieu, la vue de la maison, servent également d'appui à deux
carrés de Rosiers encadrant une brève allée centrale.

Sur le côté droit du plan, on remarquera que le mur de clôture
est supposé construit avec des contreforts formant une succession de
niches très abritées et qui, grâce à leur exposition au midi, peuvent
recevoir les plantes et les fleurs les plus délicates.

Le plan et la perspective expliquent d'ailleurs avec une clarté
suffisante tout le détail de ce jardin.

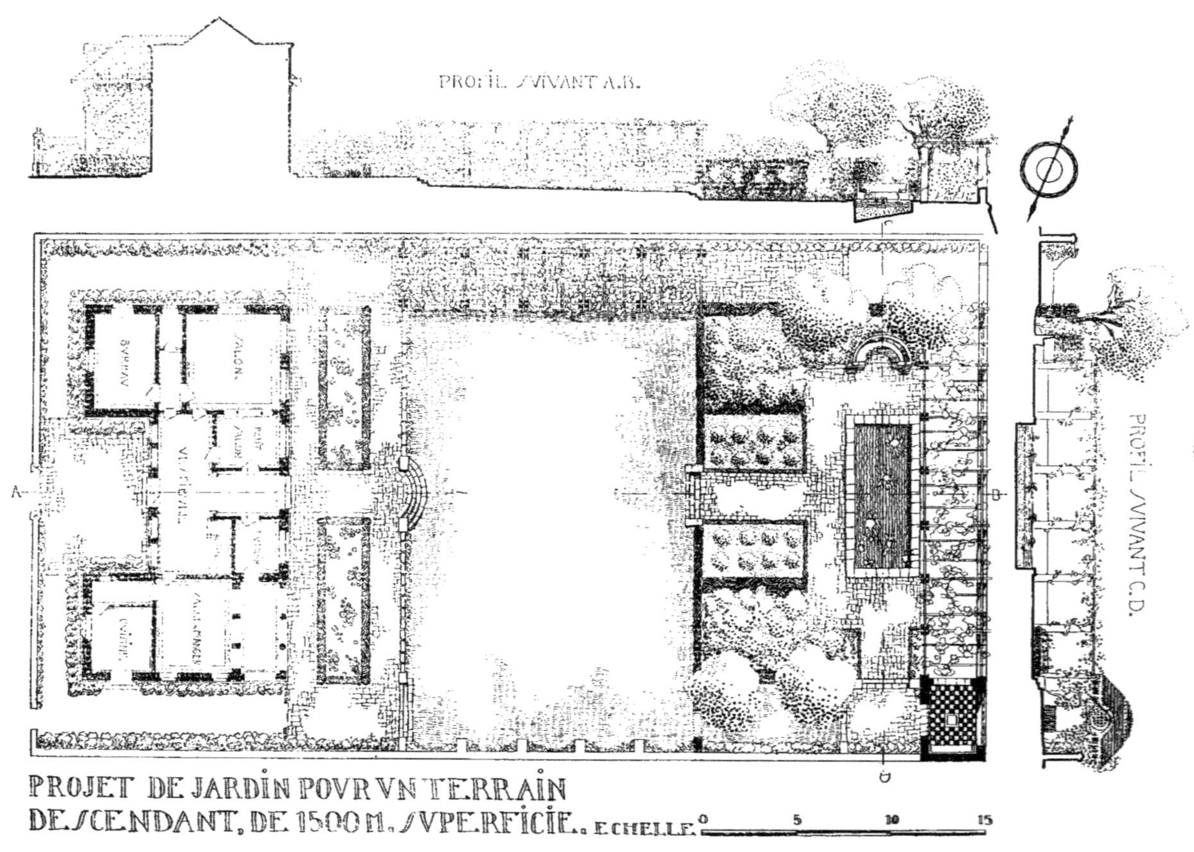

PROJET DE JARDIN POVR VN TERRAIN DESCENDANT, DE 1500 M. SVPERFICIE.

PERSPECTIVE D'UN JARDIN DE
1500 MÈTRES CARRÉS SUR UN
TERRAIN LÉGÈREMENT INCLINÉ

LE DESSIN CI-DESSUS REPRÉSENTE
LA VUE DE LA MAISON PRISE
SOUS LA TREILLE DE L'EXTRÉ-
MITÉ DU JARDIN, DANS L'AXE

JARDIN DE 2000 MÈTRES CARRÉS

L terrain, de forme très irrégulière, a l'avantage de pouvoir être, sur sa plus grande longueur, très bien exposé au midi. La maison et le jardin de fleurs sont le plus possible rapprochés du côté nord-est, afin d'être dégagés du côté du soleil par une pelouse et d'obtenir ainsi beaucoup de lumière.

VUE DE LA PARTIE
SUD-OUEST DU JARDIN

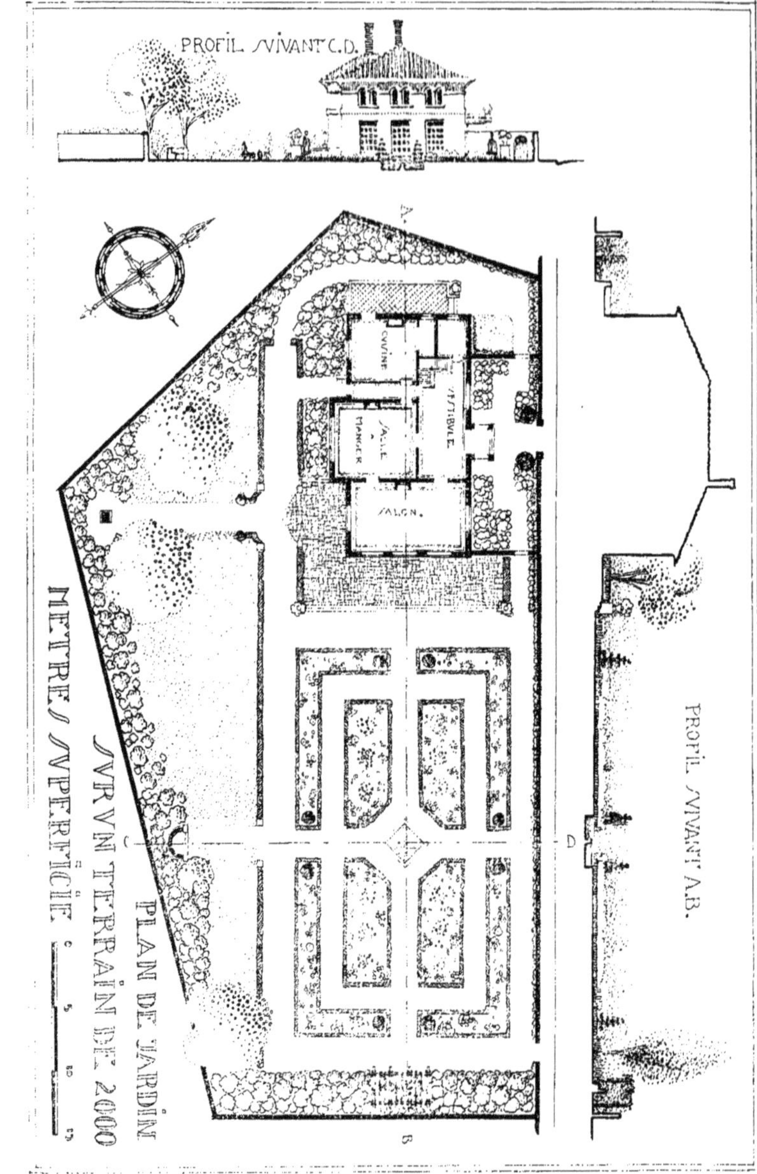
PROFIL SUIVANT C.D.
PROFIL SUIVANT A.B.
CUISINE
VESTIBULE
SALLE A MANGER
SALON
PLAN DE JARDIN
SUR UN TERRAIN DE 2000
METRES SUPERFICIE

JARDIN POUR UN TERRAIN
DE 2000 MÈTRES CARRÉS
DE SUPERFICIE ENVIRON

Une terrasse couverte de dallage, large et très ouverte. élève la maison de deux ou trois marches au-dessus du jardin.

La pièce principale de cette toute petite maison, qui est exposée ainsi au sud-est, a devant elle, précédé par cette terrasse, un parterre de fleurs aussi grand que le permet le terrain.

Il est bon de remarquer qu'en été la terrasse se trouvera, pendant l'après-midi, à l'ombre de la maison et aura devant elle le parterre en pleine lumière.

Le petit bassin carré au centre du parterre peut recevoir quelques caisses de Nymphœas (Nénuphars) rouges, tels que N. Atropurpurea: jaunes, N. Chromatella: et blancs de grande taille, tels que N. Gladstoniana.

Les points principaux sont marqués par des Ifs taillés
en pyramides qui. par leurs taches sombres,
font valoir l'éclat des fleurs.

X

JARDIN DE 2500 MÈTRES CARRÉS

L A disposition de ce terrain allongé peut s'adapter à un terrain légèrement descendant autant qu'à un terrain presque horizontal.

Dans le premier cas, l'accès de la maison au jardin se fera par l'intermédiaire d'une terrasse élevée au-dessus du niveau de la pelouse qui, elle-même, est en creux au-dessous des deux parties latérales.

Sur un niveau horizontal, un léger terrassement permettra, en creusant le centre, de surélever les côtés et surtout la maison. Les terres en excès peuvent être portées dans le fond du jardin qui gagnera à former un rideau de verdure plus élevé.

La perspective centrale — grande pelouse nue bordée de haies sombres nettement taillées — est animée par le bassin qui la termine et la treille de fond couverte de plantes grimpantes à fleurs : Clématites ou Rosiers, si le jardin est orienté du sud au nord ; au contraire, si les arbres du fond ombragent trop la treille, il la faudrait couvrir de Chèvrefeuille, d'Aristoloches ou de Vigne-vierges, bien que, même avec un faible ombrage, ou plutôt un demi-ombrage, certaines parties de la treille puissent recevoir des Rosiers de la section des Wichuraiana.

Les deux parties latérales, tout en étant à un niveau légèrement plus bas que la maison, restent de trois marches plus élevées que la pelouse du centre ; des perrons de trois marches interrompant la haie permettent d'y descendre.

Deux petits bassins sont les extrémités de l'axe transversal ; ils interrompent les deux parterres dont l'un, celui de droite, est formé de fleurs en mélange et serti d'une petite bordure noire taillée — Buis ou Evonymus pulchellus — et l'autre de deux pièces de gazon au long desquelles sont alignés, selon le goût des habitants de la maison, des

Rosiers à hautes tiges, des arbustes à fleurs de formes régulières et semblables tels que Lilas, Althœas, Epines. Boules de neige, ou des petits arbres fruitiers maintenus en forme basse régulière.

Ces parterres sont encadrés par des lignes de haies que terminent des pyramides d'Ifs. Le fond, gazon et arbustes entremêlés, permet de planter, au gré de chacun, des arbustes à fleurs sur les parties les plus avancées, des arbustes à feuillage plus élevés contre le mur de clôture.

Sur les côtés, les murs sont masqués par des parois de verdure qui permettent d'obtenir une plus grande largeur du jardin. Ces parois, qui peuvent être formées soit par des Ifs, soit par des Charmilles, soit par un palissage de Fusains ou même, au besoin, de Lierre, bien qu'il ait l'inconvénient de manquer d'épaisseur, se terminent par un retour formant niche ou exèdre à l'extrémité des quatre allées parallèles.

Les lignes de haies basses encadrant de chaque côté les parterres, pourraient être faites en Buis et les deux haies plus élevées et plus fortes limitant de chaque côté la pelouse, en Fusains ou en Ifs. Par économie, et aussi pour gagner du temps, des Thuyas ou des Troënes de Chine pourraient remplacer les Buis ou les Ifs.

De chaque côté, les carrefours placés à la naissance de la courbe sont dessinés par quatre socles de pierre ou de brique semblables, supportant des vases ou quelque objet décoratif, autant que possible de même hauteur, de même couleur et de même valeur décorative. Un banc en arc de cercle sur un socle dallé exhaussé de deux marches termine le jardin sur l'axe du milieu. Un élément de décoration qui n'est pas indispensable, mais qui peut être utile, est indiqué sur la pelouse à l'extrémité du parterre latéral de gauche.

JARDIN PROPREMENT DIT EN-
VIRON 2500 MÈTRES CARRÉS.
SURFACE TOTALE ENVIRON
3500 MÈTRES CARRÉS :: :: ::

UN JARDIN DE 2600 MÈTRES CARRÉS

Il est souvent assez difficile de placer la maison et de tirer parti d'un petit terrain carré ou à peu près carré. Cette disposition qui, en outre, présente une irrégularité provenant d'un des deux côtés plus long que l'autre, est rétabli dans sa forme carrée par un massif de bordure dont la plus grande largeur est utilisée pour y placer un banc en demi-cercle.

La maison est placée sur une terrasse formant socle. Cette terrasse est couverte d'un dallage, afin que l'on puisse s'y promener en tout temps.

Un arbre — Tilleul, Catalpa ou Cerisier — en abrite une partie.

Au-dessous de la terrasse peu élevée, une grande pelouse rectangulaire.

Quelques fleurs sont groupées dans une plate-bande qui suit la murette de soutènement de la terrasse.

La pelouse, qui éclaire l'ensemble du jardin, est aussi destinée à permettre le jeu des enfants, les promenades libres des grandes personnes, les goûters. Les trois arbres du fond de la pelouse peuvent être des arbres fruitiers — soit à fruits, soit à fleurs tels que Cerasus Sieboldi, Pêchers de Chine à fleurs rouges, etc.

Sur le côté, avec de petites différences de niveau pour donner un peu de variété, le jardin potager, près de la cuisine ; puis le jardin des fleurs.

Un double arceau de Rosiers abrite le passage du potager à la roseraie. Une muraille d'Ifs, de Fusains du Japon, de Troënes de Californie, de Houx ou de Buis, sépare ce jardin fleuriste de la pelouse.

Un banc, placé en face du petit bassin, est abrité sous une courte treille qui, à droite et à gauche, est continuée par la plate-bande de fleurs.

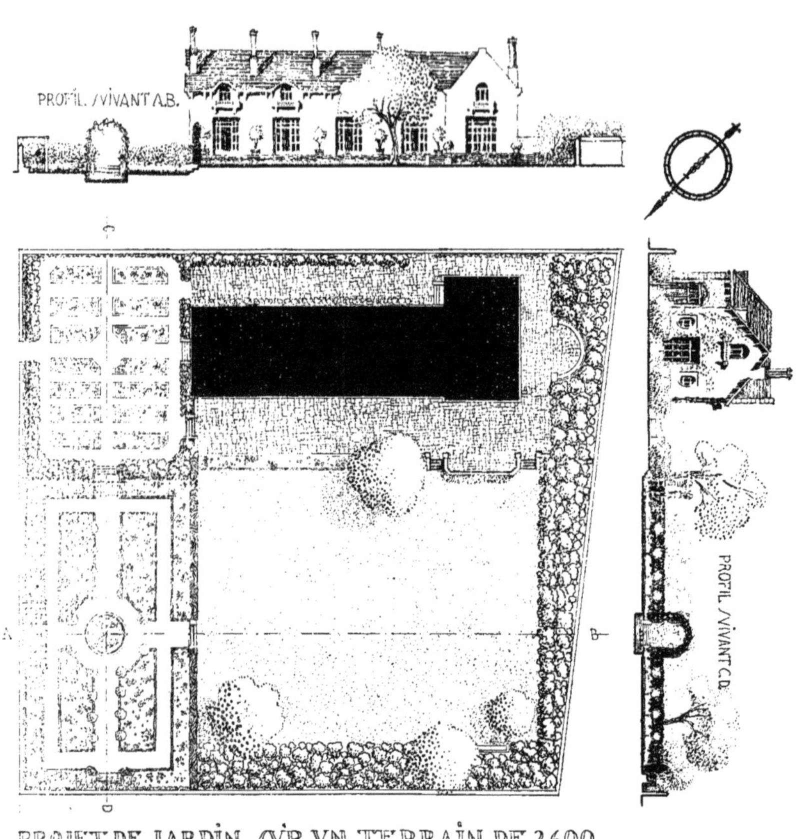
PROFIL /VIVANT A.B.
PROFIL /VIVANT C.D.
A
B
PROJET DE JARDIN /VR VN TERRAIN DE 2600
MÈTRE/ /VPERFICIE. ECHELLE.
0 5 10 20

VUE PERSPECTIVE D'UN JARDIN DE
2600 MÈTRES CARRÉS DE SUPERFICIE
ENVIRON, SUR TERRAIN TRÈS LÉGÈ-
REMENT INCLINÉ VERS LE NORD ...
IL A ÉTÉ DISPOSÉ EN TROIS NIVEAUX

Ceci peut être un compartiment réservé aux Roses, mais on peut mélanger aux Roses des plantes vivaces et des plantes de saison, soit en réservant les unes parmi les plus hautes pour les plates-bandes du tour et plaçant les autres dans les carrés du centre, soit en cherchant, avec des mélanges, toute autre combinaison.

Sur le plan et la perspective, des Rosiers sur tiges sont alignés au long de l'allée centrale et viennent encadrer le bassin rond.

Si l'on désire avoir un cadran solaire pour sa tache blanche,
pour le plaisir d'y venir contrôler l'heure marquée
par le soleil, sa place est tout indiquée au centre du potager.

DÉTAIL DU JARDIN PRÉCÉDENT
PASSAGE DE LA PELOUSE A
LA ROSERAIE :: :: :: :: :: ::

JARDIN POUR UN TERRAIN DE 2900 MÈTRES CARRÉS

Sur ce sol de niveau sensiblement égal, l'aménagement du jardin a pour dessein d'utiliser de petites différences de niveau destinées à en varier l'aspect et d'élargir la vue par une grande pelouse unie et horizontale, occupant la partie la plus large.

Un très faible terrassement permet d'obtenir aisément le mouvement indiqué dans le profil.

Une première terrasse devant la maison, encadrée par deux abris largement ouverts, domine tout le jardin. De là, on descend sur une seconde terrasse plus large où se trouvent des massifs de fleurs brillantes, cernés par des haies de Buis ou d'Evonymus pulchellus ; des Buis ronds ou des Ifs taillés en pyramides marquent les angles.

Contre la murette de soutènement de cette terrasse d'où l'on descend dans la pelouse, une plate-bande de plantes vivaces à fleurs de toutes formes et de toutes couleurs, qui resteront là à demeure et dont on peut, à l'aide de quelques semis ou de plantes de garniture, remplir les vides pour la rendre plus compacte et plus colorée.

La pelouse, bien nivelée, rigoureusement et très fréquemment passée à la tondeuse à 4 lames au moins, peut servir à installer un jeu de croquet, un petit tennis, ou servir à tout autre usage en plein air.

A ses deux extrémités sont des lignes d'arbres qui peuvent être des arbres fruitiers. Selon la région et l'exposition, ce peut être des Cerisiers, des Pruniers, des Pommiers... : je prévoyais, quand ce plan a été fait, d'y mettre des Pruniers et des Cerisiers alternés : Pruniers Reine-Claude et Cerisiers Bigarreau Napoléon.

La pelouse est limitée par une haie haute de 0,80 cent. qui est destinée à en arrêter nettement le contour régulier. Des masses d'arbustes qui forment un fond de feuillage, masquent les limites de la propriété.

Un banc en hémicycle sur une plate-forme circulaire indique l'extrémité de l'axe et rompt la sécheresse d'une ligne droite trop longue. Deux arbres qui, par leur éloignement de la maison, ne peuvent pas être gênants, l'ombragent, mais surtout celui placé du côté du soleil de 3 heures ; ce peut être un Tilleul, un Catalpa, un Paulownia, un Sophora, ou tout autre arbre préféré, mais de grande dimension et ne « traçant pas ». De l'autre côté, un Peuplier pyramidal serait agréable par sa silhouette.

L'espace libre auprès de la cuisine peut être utilisé soit en jardin fleuriste, soit plutôt en petit potager. Ce serait aussi un endroit très favorable pour y cultiver une petite collection d'Œillets ou de Rosiers. S'il fallait avoir une partie du jardin très attrayante en automne, ce serait charmant d'y voir, avec quelques Dahlias de couleurs très claires, une abondante collection d'Asters vivaces.

Sur la perspective, la terrasse intermédiaire est figurée avec, à droite et à gauche, une haute palissade dont la hauteur doit atteindre $3^m 50$ à 4 mètres et qui accompagne la petite sortie directe du jardin sur la rue. Cette paroi verte pourrait être obtenue rapidement peut-être en Thuyas sinon en Charmilles ; et dans les pays méridionaux, en Cyprès, Cupressus Horizontalis, C. Lambertiana, C. Fastigiata, C. Lawsoniana, (ce dernier Cyprès est rustique en France). Bien entendu, des Ifs, des Houx et des Buis très âgés sont aussi une ressource, mais ils sont de croissance bien lente. Si même on veut obtenir une muraille verte de grande hauteur immédiatement et que l'on n'aie pas en fortes dimensions les plantes nécessaires, il est possible d'y suppléer par un treillage monté sur une charpente de fers à T que l'on garnit de Lierre.

La perspective indique les carrés du parterre remplis d'un mélange de plantes vivaces et de fleurs de saison. Seul, le petit massif en demi-lune du centre est fait de plantes annuelles à fleurs vives : Pelargonium, Lobelia, Ageratum, Zinnias, etc....

VUE D'UN JARDIN DE 2900
MÈTRES CARRÉS ENVIRON
LE PLAN EST A LA PAGE
SUIVANTE :: :: :: :: ::

Les Rosiers polyanthas nains qui ne cessent de fleurir peuvent être aussi une ressource quand, par raison d'économie ou par difficulté de se les procurer, on veut diminuer les quantités de plantes annuelles à fleurs.

La plate-bande étroite, contre la première terrasse, peut être garnie librement de toutes sortes de plantes fleurissantes ou former une ligne soit unicolore, soit d'un mélange de deux ou trois plantes ; par exemple, elle pourrait recevoir des Pétunias de toutes variétés, dont le parfum délicat monterait, les soirs d'été, jusqu'à la maison, ou des Capucines naines, ou un mélange de toutes les variétés de Mufliers. Ces exemples permettent de comprendre l'emploi que l'on peut faire d'une étroite plate-bande ainsi adossée à la murette d'une terrasse, et proche de la maison.

Le plan et la perspective suffisent pour renseigner sur la plantation de l'entrée.

Les dix arbres qui forment les deux lignes à droite et à gauche de l'entrée doivent être de petite taille, afin de ne pas enlever la lumière aux deux constructions près desquelles ils sont plantés. On pourrait choisir deux lignes de Lilas qui seraient taillés après la floraison, afin de leur conserver une forme régulière. S'il faut, au contraire, des fleurs en automne, on pourrait choisir des Althœas aux fleurs de couleurs différentes ; et, pour un feuillage persistant, des Troënes du Japon.

Maints arbrisseaux à fleurs ou à feuillage permanent, de forme régulière, tels que des Troënes, des Fusains, des Boules de neige, des Photinias, peuvent être utilisés en cet endroit. Si l'on désire conserver à cette entrée un cadre de feuillage en hiver, si le terrain, le climat, la région est propice, une petite avenue plantée de Magnolia grandiflora pourrait être très agréable ; entre les Magnolias, une ligne de buissons de Rosiers de Bengale à fleurs rouges « Cramoisi supérieur » ferait une opposition éclatante avec le feuillage vert sombre des Magnolias ; mais

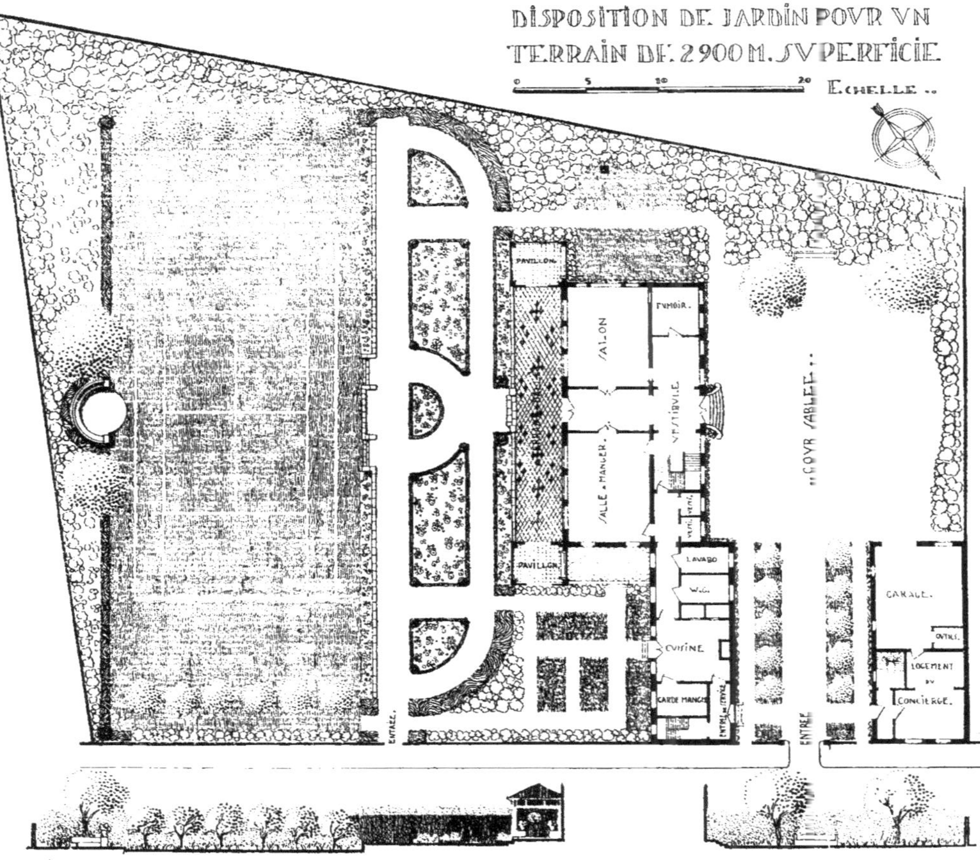
DISPOSITION DE JARDIN POUR UN
TERRAIN DE 2900 M. SUPERFICIE
ECHELLE
SALON
FUMOIR.
PAVILLON
VESTIBULE
SALLE A MANGER.
PAVILLON.
LAVABO
W.C.
CUISINE
GARDE MANGER
ENTREE DE SERVICE
COUR SABLEE
GARAGE.
OUTILS.
LOGEMENT DU CONCIERGE.
ENTREE
ENTREE.

cela n'est pas possible partout, surtout si le terrain ou le climat ne convient pas aux Magnolias, car il est indispensable que cette entrée soit très régulière et très nette.

Les massifs d'arbustes qui encadrent cette cour seront, de préférence. en feuillage persistant. surtout si la maison est occupée toute l'année. Les deux arbres qui forment le fond seront, l'un qui est le plus près de la maison. un arbre de feuillage léger et ne se garnissant de feuilles qu'après l'humidité du printemps, par exemple, un Robinia faux - Acacia. un Sophora, un Paulownia : l'autre, plus éloigné peut être un arbre plus fort et offrant à la vue, à l'angle de cette cour. une belle masse de feuillage : Marronnier, Tilleul, Erable-Sycomore, Orme. Frène, etc...

UN JARDIN DE 3000 MÈTRES CARRÉS

Sur ce terrain, dont la partie étroite est la plus élevée et qui descend en pente assez sensible vers son angle sud, l'emplacement de la maison est naturellement dans la partie la plus étroite, qui est la plus haute et la plus rapprochée de la voie publique.

Il est naturel d'utiliser cette déclivité pour créer une suite de terrasses qui donnent du mouvement et marquent la pente. Les terrasses ont aussi l'avantage de permettre une vue plus complète des parties du jardin placées au-dessous d'elles, de ménager ainsi des aspects agréables et de placer la maison en situation saine et en évidence.

Au-devant de la maison, une première terrasse est en dallage, mais avec quatre rectangles, réservés pour des fleurs, qui peuvent être cernés par une bordure plate taillée soit en Buis, soit en petits Fusains nains (Evonymus pulchellus), et même, en pays sec, en Thym.

Ces quatre massifs de fleurs rectangulaires sont plantés à chaque saison en plantes d'une même espèce et d'une même variété, afin de former quatre taches d'une même couleur, par exemple entièrement faites de Lobelia bleus, de Viola Cornuta (var. Papillo), petites Pensées bleu clair uniforme. Dans la saison d'été, ils peuvent être garnis en Géraniums rouges. Il peut être aussi agréable d'y faire des mélanges de plantes basses, de plusieurs couleurs, en évitant celles qui peuvent avoir une odeur désagréable, à cause de la proximité de la maison : Zinnias, Tagetes ou Œillets d'Inde, seront mieux dans une partie plus éloignée du jardin, malgré leurs couleurs vives ; au contraire, des Pétunias, des Œillets, des Héliotropes répandront, le soir, après une journée de chaleur, un parfum très fin et très délicat.

Cette terrasse est dallée afin qu'on puisse en tout temps s'y promener, même après les pluies.

A droite et à gauche, des treilles encadrent la seconde terrasse, qui est une pelouse horizontale très unie.

Quatre massifs en équerre en forment les angles, et quatre Ifs très noirs sont des accents destinés à mieux mettre en valeur l'éclat des fleurs ; — massifs destinés à des fleurs aux couleurs vives, où quelques plantes vivaces — Helenium pumilum, Leucanthemum, Delphinium — peuvent être mêlées aux plantes dite de garniture. c'est-à-dire aux plantes annuelles de saison.

L'une des treilles se termine au mur qui soutient cette seconde terrasse ; de là on a une vue sur la troisième partie du jardin plus largement traitée.

L'autre treille se prolonge jusqu'à l'extrémité du jardin, où elle se termine par un petit pavillon ouvert, soit abri pour assister aux jeux des enfants sur la grande pelouse libre. soit pavillon pour jouir de la vue au-delà du jardin et sur la pente de la colline. si, au-delà du jardin, les terrains sont libres et la vue dégagée.

Dans cette dernière partie du jardin, une plantation d'arbres fruitiers masque l'irrégularité des limites. mais laisse une large partie susceptible d'être utilisée pour des jeux de croquet ou de tennis.

Un grand arbre. qui pourrait être un Tilleul, remplit de feuillage le coin extrême du jardin et forme une retraite ombragée.

Tout au long des limites. des massifs d'arbres et d'arbustes masquent les murs ou les clôtures.

Contre le mur de la seconde terrasse, sur toute la largeur déterminée par la saillie de la plus courte treille et de l'escalier, se trouvent plantées en mélange des plantes vivaces de toutes sortes qui forment une plate-bande éclatante, où se mêlent les fleurs de toutes tailles. de toutes couleurs et de toutes formes. Les vides qui se produisent inévitablement à divers moments de l'année peuvent être remplis par des

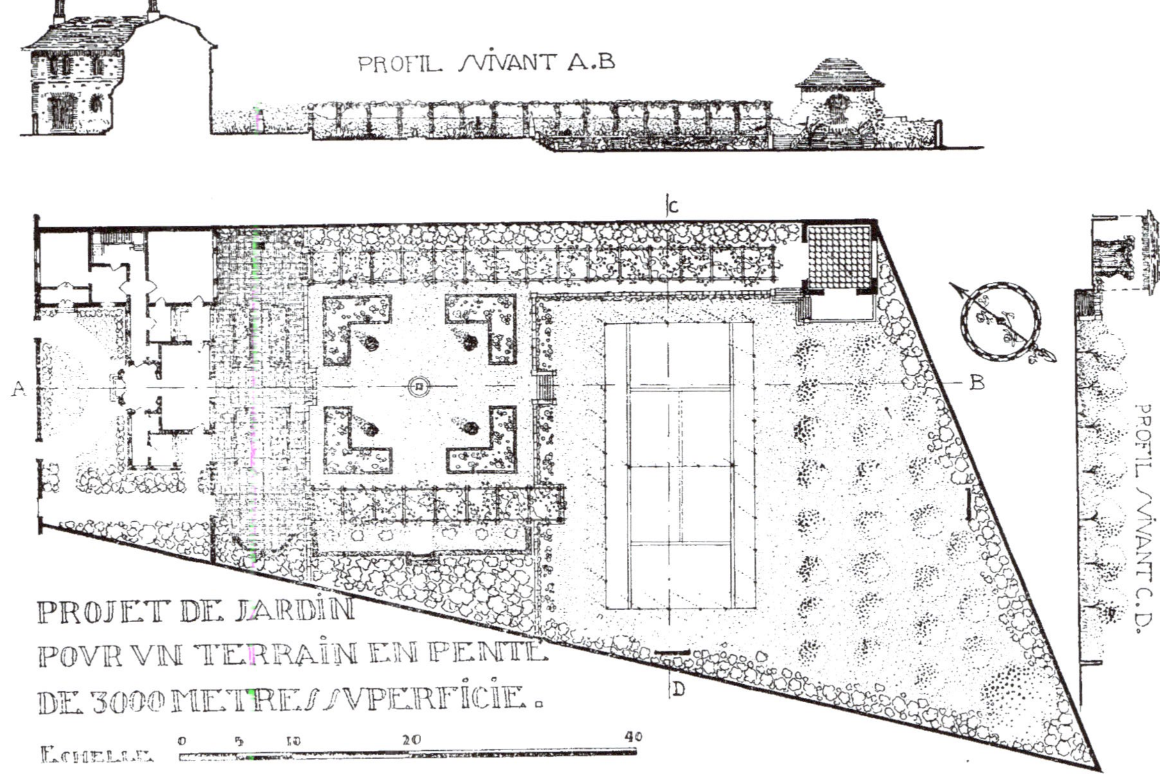
PROFIL SVIVANT A.B
PROFIL SVIVANT C.D.
XIII
A
B
C
D
PROJET DE JARDIN
POVR VN TERRAIN EN PENTE
DE 3000 METRES SVPERFICIE.
ECHELLE
0   5   10   20   40

plantes annuelles et permettent d'y varier à chaque année et même à chaque saison les aspects et les contrastes de couleurs (¹).

La plate-bande qui est figurée contre la treille la plus courte est destinée à recevoir des Rosiers plantés régulièrement, tiges d'abord entre chaque intervalle des piliers, et sur le terrain, en mélange, des rosiers nains.

Dans les plates-bandes, en équerre, de cette seconde terrasse, il est possible de réduire les plantes de garniture et d'y mettre beaucoup de Rosiers.

La treille qui est la plus au sud, c'est-à-dire celle qui est la plus longue, peut être garnie de Rosiers au besoin entremêlés de quelques Clématites.

Entre la treille et le mur, des arbustes à feuillage foncé, en même temps masqueront la clôture et formeront un fonds solide aux fleurs.

L'autre treille, qui est la plus courte, sera couverte de vigne vierge, si on la veut épaisse et très ombragée, ou de Chèvrefeuille si l'on tient à son parfum, ou encore de Clématites de montagne (Clematis montana) auxquelles on mêlerait quelques pieds de Clematis montana rubens dont les fleurs sont d'un rose assez vif, mais qui croissent beaucoup plus lentement.

---

(1) Les Traités spéciaux anglais et français sont nombreux qui indiquent ces plantes et la manière de les ordonner. (V. : *Les Jardins des Plantes vivaces*, Laumonier-Ferard, Librairie Agricole, Paris, et les brochures, sur ce même sujet, de la maison Vilmorin.)

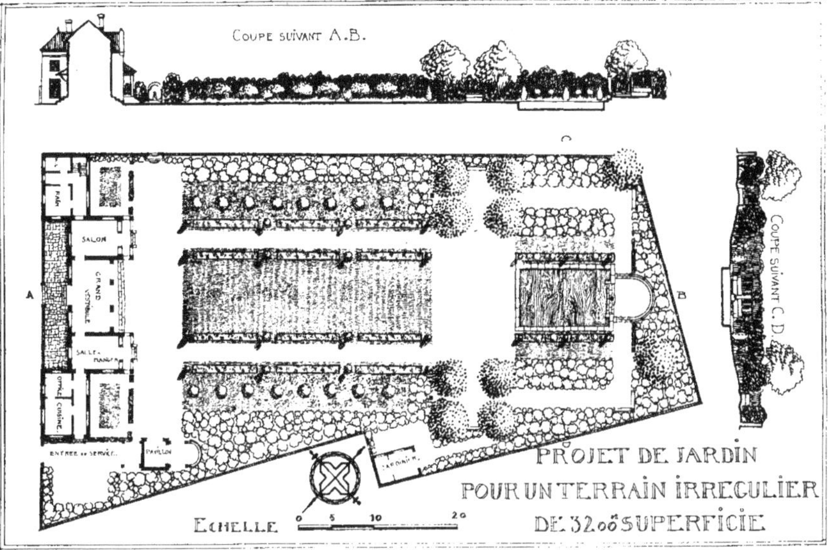

UN JARDIN DE 3200 MÈTRES CARRÉS

Voici un terrain plat de forme irrégulière et sans vue extérieure. Le jardin seul formera les vues des pièces principales de la maison. Il a fallu tirer parti de sa plus grande dimension. A l'extrémité d'un tapis vert tout droit que prolonge un bassin de même largeur, se trouve un banc demi-circulaire abrité par de petites colonnettes ou piliers destinés à supporter des plantes grimpantes.

Deux allées latérales prolongent la vue et sont bordées d'étroites plates-bandes de fleurs.

Près de la maison se trouve le pavillon de jardin ; c'est un abri pour l'été, pour y prendre des repas, pour y abriter la table du café ou du goûter. Il est placé près de la maison afin de permettre d'y faire le service sans fatigue.

Les arbres sont rejetés dans les parties extrêmes afin d'avoir, dans le centre et près de la maison, beaucoup de fleurs, de l'air, du soleil et le moins d'humidité possible.

On peut remarquer que, près du banc qui se trouve à l'extrémité de l'axe principal, un arbre est figuré, mais non pas du côté du soleil ; il est destiné à protéger le banc qui arrête l'angle des allées, sans ombrager les plantes grimpantes de l'exèdre.

Sur le petit perron qui s'avance sur l'étang, le plan indique une place pour un cadran solaire ou tout autre élément de décoration. La perspective donne l'aspect du bassin et du banc exécutés sans ce point décoratif.

La |grande coupure centrale sablée, libre au milieu et ombragée de 4 arbres de chaque côté, a pour but de laisser, malgré l'exiguïté du jardin, un espace assez grand pour quelques petits jeux d'enfants. Les arbres y étant placés très régulièrement peuvent y être taillés en formes géométriques.

Autant que possible, ces 4 arbres seront semblables.

Si l'endroit est naturellement frais, au lieu d'arbres à couvert très épais, faciles à tailler, comme le Marronnier, l'Erable, le Tilleul, l'Orme,

on y pourrait planter 4 Paulownia qui ne se taillent pas,

dont les fleurs bleues et parfumées en mai

rendent le jardin délicieux en

cette saison.

VUE PERSPECTIVE DU PROJET
FIGURÉ EN PLAN ET COUPES
A LA PAGE PRÉCÉDENTE

JARDIN DE 4500 MÈTRES CARRÉS [1]

L A maison est construite à 10 mètres de la rue. C'est là le plus petit des quatre côtés formant le périmètre de ce terrain.

L'entrée principale passe sous une voûte ou berceau de six Tilleuls taillés en forme régulière.

La partie libre qui s'étend entre la cuisine et la clôture sur la rue sera ou une cour destinée aux divers ouvrages de la cuisine : lavage, étendage du linge et tout autre emploi ; ou petit potager.

Au-devant du salon, un jardin fleuriste, en carré, est encadré par le portique du salon, le mur de la cuisine couvert de plantes grimpantes croissant au nord — Chèvrefeuilles, Aristoloches, Glycines, Lierres — et un treillage continuant la façade de la maison sur le jardin, support aussi de plantes grimpantes qui, recevant la lumière, peuvent être des Rosiers, des Tecoma, des Clématites à grandes fleurs, et même, si on veut cet écran plus épais, des Vignes-vierges ou du Lierre [2].

Pour équilibrer la façade, cette paroi de plantes grimpantes est répétée de l'autre côté par une treille que son exposition permet de revêtir de toutes les plantes que l'on préfère.

Ainsi, l'espace qui est à traiter est donc divisé en deux parties très nettes. Une, antérieure, l'entrée : l'autre, postérieure, la plus grande en arrière de la maison, le jardin.

Ce jardin commence par une terrasse large, terminée en niches.

---

(1) Le plan a déjà paru en 1907, dans mon ouvrage « Les Gazons ». Je dois le signaler, car depuis j'en ai retrouvé l'inspiration dans d'autres ouvrages plus récents sur les jardins où l'on pourrait croire que j'ai pris l'idée de cet arrangement.

(2) Certains Rosiers Wichuraiana très vigoureux, très feuillus, remplissent aussi assez bien ce rôle. Mais ils n'ont que 4 à 5 semaines de floraison. Tels sont les Rosiers : François Juranville, Albéric Barbier, Dorothy Perkins, Désiré Bergera, Alex Giraud, Gerbe rose....

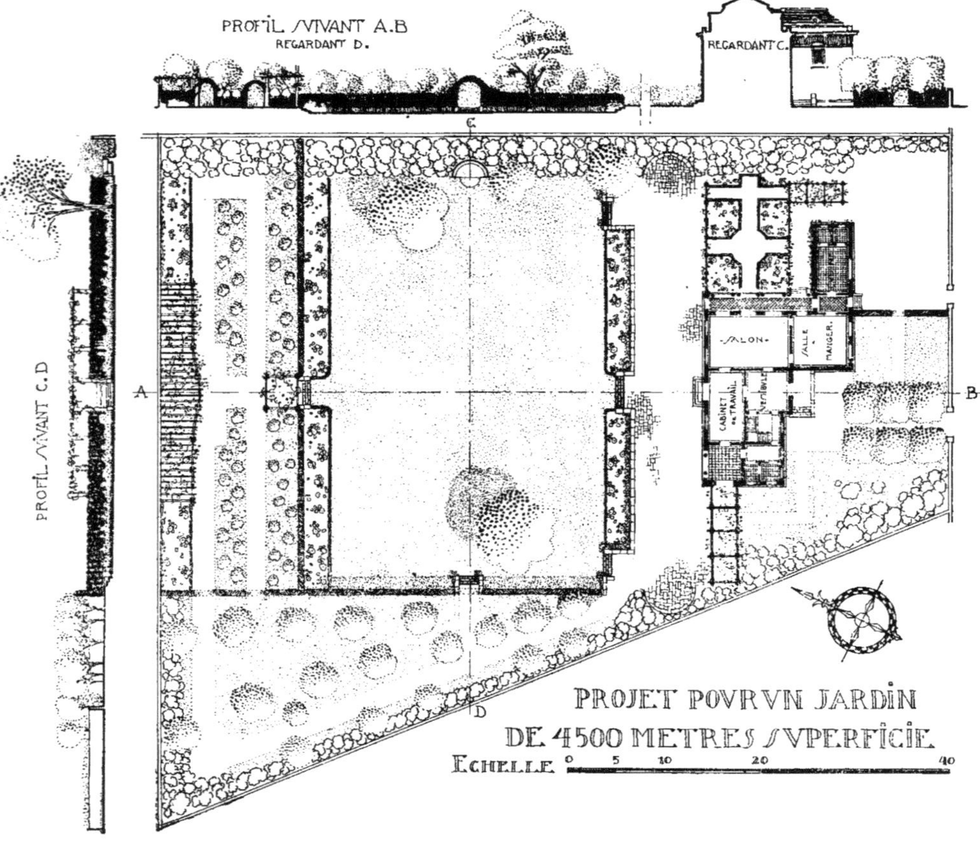

PROFIL SVIVANT A.B
REGARDANT D.
REGARDANT C.
PROFIL SVIVANT C.D
A
B
C
D
SALON
SALLE A MANGER.
CABINET DE TRAVAIL
VESTIBVLE
PROJET POVR VN JARDIN
DE 4500 METRES SVPERFICIE
ECHELLE
0   5   10   20   40

XV

VUE PERSPECTIVE PRISE
DU NORD-EST, DU JARDIN
DE 4500 MÈTRES CARRÉS

Quelques marches descendent dans une grande pelouse plane, horizontale, bien unie, fortement et régulièrement roulée et tondue.

La forme rectangulaire de la pelouse laisse sur le côté gauche du plan un triangle libre qui sera le verger. Quelques arbres fruitiers sur une pelouse font un ombrage léger, sont très agréables par leurs fleurs au printemps et, dans le reste de l'année, par leurs fruits.

En dessous de la murette qui soutient la terrasse, des fleurs mêlées, plantes vivaces et plantes annuelles ou de saison s'aident réciproquement à se faire valoir et à couvrir entièrement la terre où elles sont plantées.

De l'autre côté de la pelouse, une plate-bande de fleurs semblables se détache plus en lumière sur le fond très sombre d'une muraille d'Ifs.

Un passage sous un arc ménagé dans la paroi d'Ifs fait communiquer la pelouse avec le potager.

En face, un banc demi-circulaire, de préférence en bois sur un sol dallé de pierres, de briques ou même de ciment et de briques, marque l'extrémité de cet axe transversal.

Au fond du jardin — petite roseraie en plates-bandes simplement dessinées où, sur du gazon, sont disséminés des Rosiers à tiges. Fleurs et Rosiers nains accompagnent une courte treille de Rosiers sarmenteux appuyée au mur de clôture.

Trois arbres mettent sur la pelouse quelques taches d'ombre. Leurs emplacements sont choisis de telle sorte qu'ils ne gênent ni Fleurs ni Rosiers, mais qu'ils abritent des bancs. Ces trois arbres pourraient être un Acacia (Robinia pseudo-A. semperflorens), un Paulownia imperialis et un Tulipier de Virginie (Liriodendon tulipifera).

Plus près de la maison, la perspective montre des arbres fastigiés qui peuvent être des Acacias, Ormes ou Charmes pyramidaux, ou des Peupliers (Populus bolleana) qui auront l'avantage de croître en hauteur sans donner trop d'humidité dans la maison même, soit des Libocedrus decurrens, soit encore des Sequoia gigantea pleureurs qui ont l'avantage de rester verts toute l'année.

UN JARDIN DE 5000 MÈTRES CARRÉS

FIN de profiter du contour régulier du terrain et pour satisfaire au goût de quelques personnes, les dispositions de ce jardin s'inspirent des traditions françaises des XVII⁰ et XVIII⁰ siècles, tout en restant dans des limites étroites.

Devant la maison, un grand parterre carré est formé en quatre compartiments par les allées en croix. Au centre, un bassin avec une petite vasque apporte à l'ensemble un peu froid l'animation de l'eau.

La brève étendue de la perspective centrale engage à placer à son extrémité un pavillon ou abri couvert amortissant la vue.

Les bosquets en massifs pleins qui encadrent le parterre servent à former deux salles de verdure de dessins différents qui étendent sur les côtés l'axe transversal. De chacune d'elles, on aperçoit dans un cadre de parois sombres les fleurs du parterre et le jet d'eau. Des vases, des statues, des gaines ou des termes ornent ces petites retraites dont le centre n'est formé que d'un tapis de gazon très uni, tapis qui doit être sensiblement au niveau du sol des allées ou en saillie de 4 à 5 centimètres à peine.

Les massifs sont taillés en palissades afin d'encadrer chaque découvert de parois uniformes vertes.

Il y a plusieurs manières d'obtenir ces palissades vertes. A Versailles, devant les massifs, on plaçait des treillages de 3 mètres 50 à 4 mètres et même davantage, au devant desquels on ne laissait passer aucun rameau.

Des palissades de treillage peuvent être couvertes de Lierre. Des Buis peuvent former des parois vertes, mais sont très lents à croître : acceptables dans une ou deux allées ou pour constituer un labyrinthe, ce serait peut-être trop d'en faire le cadre de toutes les allées et de

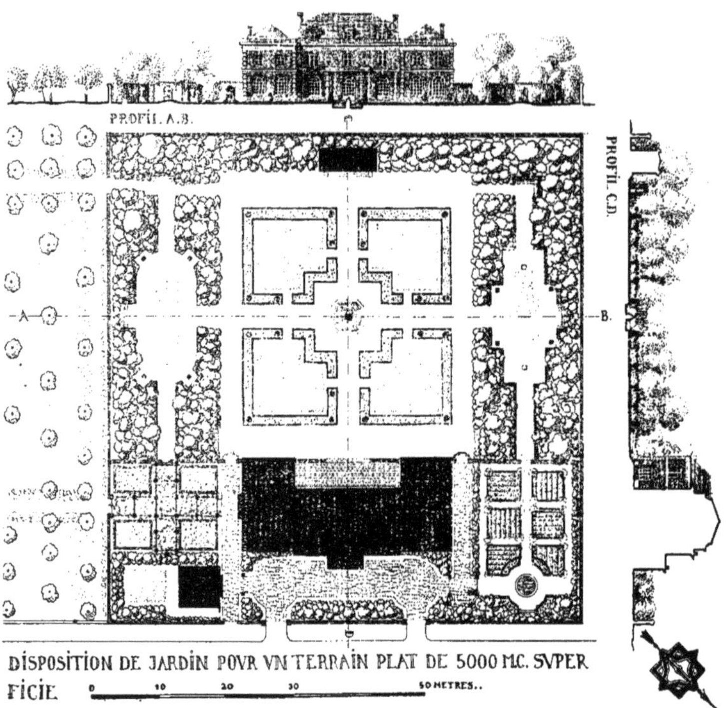

toutes les salles d'un jardin, même petit. Les Ifs peuvent remplir également le même rôle, mais employés dans tout le jardin, l'ensemble sera trop sombre. La Charmille est d'un vert plus gai, mais elle perd son feuillage en hiver.

Les parois de droite et de gauche encadrant le parterre peuvent être faites d'arbustes maintenus rigoureusement en parois régulières et, suivant que la maison est occupée pendant une saison seulement ou

pendant toute l'année, seront formées d'arbustes à fleurs et d'arbustes à feuillage permanent ou seulement d'arbustes à fleurs acceptant la taille, les autres étant réservés pour l'intérieur du massif, tels que Lilas. Budleias, Deutzias, Althœas, Spirées, Jasmins. Cytises. Seringats. Cornouillers, Sureaux, Calycanthus, etc.

Quelques arbrisseaux commencent à dominer les massifs vers la première moitié du jardin; des arbres plus hauts élèvent leur tête à mesure que l'on s'éloigne de la maison et finissent par être plus nombreux à sa limite, en approchant du mur de clôture.

Sur la face Nord-Ouest de la maison, en face de l'aile où se trouvent les cuisines, l'espace formant l'angle du terrain peut être réservé au potager; il est toujours agréable de le visiter; or le tracé, tout en le plaçant à part, le maintient partie intégrante du jardin.

De l'autre côté, en face des pièces de réception, est un jardin fleuriste où l'on peut accumuler Rosiers, plantes vivaces et fleurs de toute nature; l'allée en croix divisant ce petit jardin est ombragée par une treille de Vignes, de Rosiers, de Clématites, de Chèvrefeuilles, de Glycines ou de Vignes vierges [1].

---

[1] Parmi les Chèvrefeuilles, le Lonicera Halleana est très odorant, le Lonicera Heckrotti est moins mais fleurit plus longtemps. Le Chèvrefeuille à fleurs de Fuchsia a de très belles fleurs rouges mais croît plus lentement.

De ce petit jardin fleuriste, une porte ouverte sur la campagne donne accès au verger. L'allée du verger peut être bordée de Rosiers Thé ou Bengale en buissons.

A l'autre extrémité du jardin, est figurée une autre sortie devant laquelle s'ouvre aussi une allée d'arbres fruitiers bordée de Rosiers, de Groseillers, ou de Pommiers en cordons [1].

Les plates-bandes de fleurs qui entourent les compartiments du grand parterre doivent être très légèrement bombées (flèche de 0,20 à 0,25 environ), bordées de Buis de bordure en double rang afin d'avoir un filet d'environ 0 m. 15 de largeur et qu'on devra maintenir à 0 m. 20 ou 0 m. 25 de hauteur. Elles sont larges de 1 m. 60.

Le sol de la cour d'entrée est couvert d'un dallage. Les massifs qui l'encadrent sont contenus dans des bordures de pierre, de grès, de ciment ou de brique, et sont formés de plantes à feuillage persistant : Lauriers, Aucubas, Fusains, soit uniformément de couleur sombre, soit alternativement de feuillage sombre et de feuillage panaché plus clair.

A gauche, à côté du jardin fleuriste, se trouve la maison du jardinier ou du portier ; à droite, on aperçoit une entrée sur le potager et, dans l'axe, un petit bassin rond, avec un jet d'eau, pour les besoins de l'arrosage.

Les carrés du potager sont cernés par une bordure de plantes taillées, sinon Buis, du moins Thyms, Lavandes, Menthes, Iris, Œillets mignardises, Nepetas Mussini, Corbeille d'argent, Véronique naine (Veronica prostata), Cerastium, Statice armeria, Campanula Portenschlagiana, Hepatique Trilobée, etc... Les angles sont ponctués par de petits arbustes à fleurs ou à fruits maintenus en formes régulières.

------

[1] Les Rosiers sarmenteux peuvent être conduits en cordon comme les Pommiers.

PETIT JARDIN POUR L'HOTEL DE M. MAURICE LEBLANC,

A PARIS

DANS un espace extrêmement réduit, devant un petit hôtel du quartier de Passy, le terrain à aménager est en rampe de la maison vers le fond.

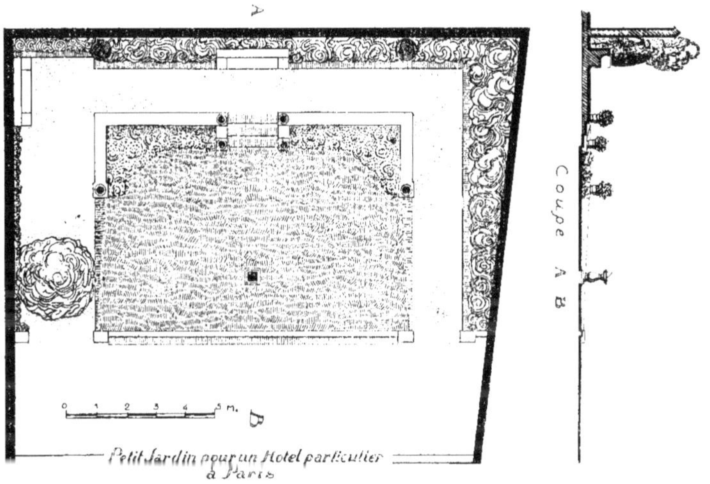

Dans l'arrangement qui est ici figuré, le parti consiste à faire seulement un cadre en allée large de 2 m. 50 dont le côté du fond forme petite terrasse. Le tapis de gazon en avant de la maison peut être ainsi horizontal et très uni.

La murette soutenant l'allée du fond a pour but d'élargir le plus possible cette partie horizontale et peut recevoir toute une ligne de vases ou de pots de couleur garnis de plantes fleuries à coloris brillants : Pelargonium zonale à fleurs vermillons ou roses très vif, Lantana à fleurs jaunes, taillés en petites boules, Lobelia, Petunia, etc.

Au pied de cette murette sont massées quelques plantes vivaces naines, Saxifrages à grosses feuilles (Saxifraga crassifolia), Hypericum calycinum, avec quelques Pieds d'alouette (Delphinium vivaces)...

La ceinture extérieure est formée, du côté de la rue, par une haie de Troënes taillés, avec du Lierre garnissant la grille. Sur le fond, qui est adossé à un mur, du Buis, avec le même fond de Lierre garnissant le mur.

A gauche, sur le mur de séparation avec la propriété voisine, est un treillage blanc surmonté de petites parties bleues formant frises ; ce treillage est destiné à recevoir, dans les parties ensoleillés, des Rosiers sarmenteux choisis parmi les plus remontants : Deschamps, Mme Alfred Carrière, Reine Olga de Wurtemberg, William Allan Richardson, Zéphirine Drouin, Reine Marie-Henriette, Paul's Scarlet Climber... et dans la partie ombragée par un arbre, un Chèvrefeuille (Lonicera Halleana), à fleurs très belles et très odorantes.

PETIT JARDIN POUR L'HOTEL
DE M. MAURICE LEBLANC,
A PARIS ::: PERSPECTIVE

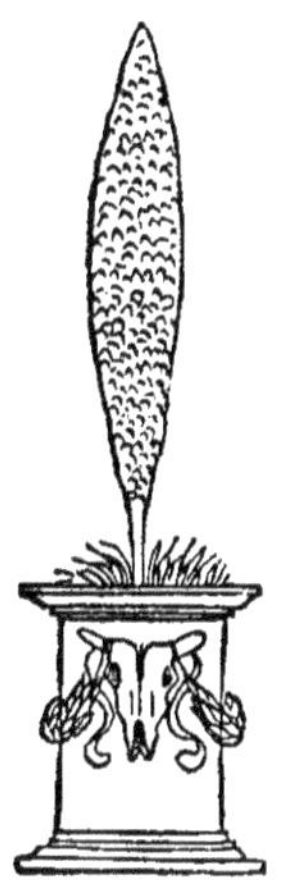

JARDIN DANS LE SUD-OUEST DE LA FRANCE

C e n'est pas encore le climat de l'oranger ; mais les hivers moins froids, les étés très chauds permettent l'emploi de quelques plantes trop délicates pour le reste de la France, entre autres : des Cyprès fastigiés, des Cyprès de Lambert, des Pins Parasols, des Lauriers-roses, des Pittosporum, des Véroniques, des Choisya, des Salvias Ingrahami, des Lagerstrœmia, des Leonotis Leonurus, des Escallonia, des Ostcospermum, de certains Eucalyptus, de quelques Acacias Mimosas, des Albizzia, des Diospyros, des Eriobothrya ou Néfliers du Japon, des Rosiers Banks, des Passiflores, des Jasmins et autres plantes du Midi parmi les moins délicates. Les Celtis (Micocoulier), les Sterculia platanifolia y deviennent des arbres magnifiques. Quelques Palmiers peuvent y vivre, les Chamærops, bien entendu, mais aussi les

JARDINS
DE LA PROPRIETE DE MONSIEUR
JOSEPH GVY

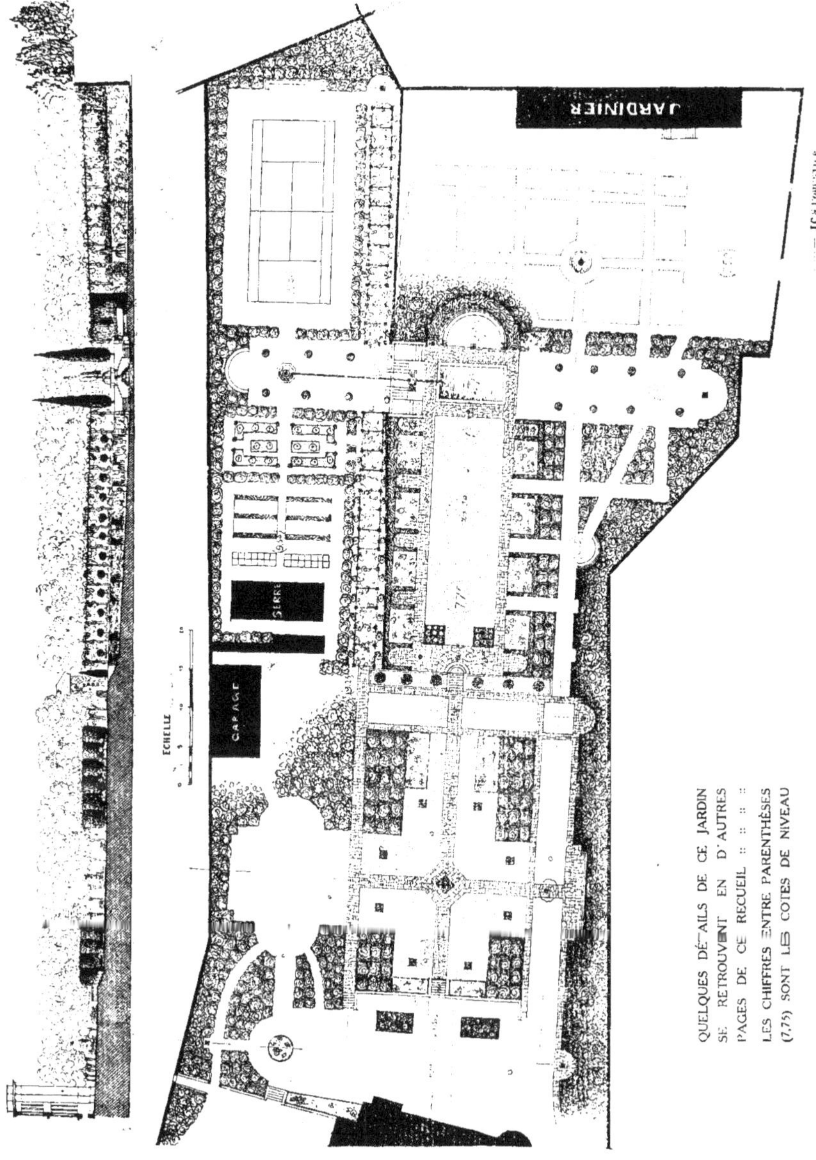

QUELQUES DÉTAILS DE CE JARDIN
SE RETROUVENT EN D'AUTRES
PAGES DE CE RECUEIL :: :: ::
LES CHIFFRES ENTRE PARENTHÈSES
(7.75) SONT LES COTES DE NIVEAU

Phœnix dactylifera, Ph. Canariensis et parfois les Cocos les plus rustiques
tels que C. Romanzoffiana, C. Campestris, Jubœa spectabilis....

Il faut signaler la possibilité de greffer sur des Rosiers Banks déjà
développés les variétés à grandes fleurs remontantes et surtout des Rosiers
Thés. C'est unir la vigueur des Banks à la continuité de floraison de
belles variétés.

Les Nymphœas et les Nelumbiums y sont magnifiques ; voici les
noms des variétés les plus caractéristiques avec l'indication de la couleur
de leurs fleurs :

NYMPHŒAS :

Gladstoniana	. . .	blanc pur	*Melle Laplace* . . .	rose France
Virginalis	. . . .	blanc	*Suavissima*	rose tendre
W. B. Shaw	. . . .	rose tendre	*Newton*	rose vermillon
Chromatella	. . . .	jaune canari	*Indiana*	rouge cuivré
Comanche	. . . .	jaune cuivré	*Andreana*	rouge et ocre
Atropurpurea	. . .	rouge foncé	*Graziella*	rouge jaunâtre
Escarboucle	. . . .	rouge vermillon	*Marliarcea albida*	. blanc
Stellata	. . . . .	bleu chicorée	*Marliarcea carnea*	. blanc carné
Zanzibarensis azurea		bleu d'azur		

NELUMBIUMS :

Osiris	. . . . . .	rose carminé	*Speciosum Roseum*	. rose vif
Luteum	. . . . .	jaune pâle	*Album*	blanc pur
Pekinense Rubrum	.	rose très vif	*Flavescens*	blanc jaunâtre

QUELQUES JARDINS
SOUS LE CLIMAT DE L'ORANGER

JARDINS MÉDITERRANÉENS

ES plus anciens jardins que nous connaissions, d'abord vaguement, puis, à mesure que les siècles se rapprochent de nous, peu à peu avec plus de précision, sont les jardins orientaux, et plus spécialement ceux de l'Asie Mineure et de la Perse. Or, c'est à ces sources séculaires que remontent les traditions de cet art raffiné que les Maures, avec leurs compagnons artistes les Persans, vinrent implanter au IXe siècle sur la terre d'Espagne, le sud de l'Italie et l'Afrique du Nord. La Perse, terrain d'échange entre l'Europe et l'Asie orientale, était devenue, sous les Achéménides, un foyer de forces intellectuelles et artistiques. Le luxe et l'art des Persans firent une telle impression sur les Arabes conquérants qu'empruntant leurs artistes et leurs ouvriers ils voulurent s'entourer du même luxe. Et nous serons ainsi moins surpris en constatant que les descriptions de Xénophon, d'Aristobule, de tous les plus anciens historiens peuvent si bien s'appliquer aux œuvres dont nous retrouvons les vestiges en Perse, aux Indes et, plus près de nous, en Afrique et en Espagne. Les traces manifestes de ce rayonnement puissant se retrouvent même en France et jusque sur les bords des mers du Nord.

Mais les jardins sont éphémères. Si quelques-uns se maintiennent malgré tout, grâce aux éléments durables qui en ont marqué les principaux contours, le plus grand nombre disparurent. Des traditions restèrent qui, en certains points, subsistent encore. Ces jardins, après les siècles d'expériences pendant lesquels s'établirent leurs formes traditionnelles, sont le résultat d'une parfaite adaptation au sol et au climat.

C'est par imitation que quelques-uns de leurs traits se sont retrouvés dans quelques jardins de France et de pays du Nord comme la Hollande. En voici un exemple curieux : la saillie des allées est un des détails caractéristiques de ces jardins ; relevées au-dessus du sol cultivé, comme dans maints potagers, elles limitent les planches ou carrés destinés aux plantes par la disposition en quadrillage des petites digues qu'elles forment ; le sol de chaque carré étant en contrebas est ainsi facile à irriguer ; et bien que cette disposition ne soit plus indispensable dans les régions de climat moins chaud et moins sec, comme le centre de la France, nous la trouvons pourtant, avec autant d'étonnement que Montaigne, dans un jardin dont il nous a laissé la description dans son *Journal de Voyages*. (C'était à Pontgibaud, petit pays près de Clermont, en 1581.) « Je passais à Pontgibaud pour saluer en passant Mme de « Lafayette et fus une demi-heure en sa salle. Cette maison n'a pas « tant de beauté que de nom ; l'assiette en est laide plutôt qu'autrement. « Le jardin petit, carré, où *les allées sont relevées de bien 4 ou 5 pieds* « (1 m. 30 à 1 m. 50); *les carreaux sont en fons où il y a force fruitiers et* « *peu d'herbes, les côtés des dits carreaux ainsi enfoncés, revêtus de pierre* « *de taille.... »*

L'Asie, autrefois, se couvrait de palais à côté desquels des artisans ingénieux combinaient les marbres, les faïences émaillées, l'eau, les fleurs, les parfums, le chant des oiseaux, pour créer ces jardins délicieux qui s'appelaient des paradis.

Puis, deux courants s'établirent vraisemblablement.

L'un qui transporta ces traditions de la Perse et de l'Asie Mineure en Grèce et à Rome. Dans le siècle d'Auguste, les jardins de l'Italie étaient des ouvrages fastueux où la mode voulait non seulement qu'on imitât la Grèce, mais qu'on y prît, pour les orner, quelques-uns de ses chefs-d'œuvre.

L'autre, des pays de Babylone et de Ninive, étendit l'influence de
l'art persan sur l'Egypte où les Coptes tendirent à spiritualiser, en les
simplifiant et les composant géométriquement, les formes des êtres vivants,
fleurs, animaux. Lorsque les Musulmans, sortant de l'Yémen, d'invasion
en invasion, pénétrèrent en Perse, ils retrouvèrent la source d'un art
qu'ils avaient déjà appris à connaître de leurs voisins immédiats. Ils en
tirent alors leur art propre et, l'emportant avec eux, ils l'implantèrent
dans l'Afrique du Nord, puis en Espagne.

Dans la magnifique évolution artistique de l'Espagne maure, du
VIIIe au XVIe siècle, qui atteint son apogée sous le grand roi arabe
Abderaman, les jardins marquèrent le haut degré de la civilisation de
ce pays. Il y a de cela aujourd'hui mille ans.

Nous pouvons voir maintenant, dans les traditions des artistes et
des artisans du Maroc, dans ces corps de métier qui se transmettent de
siècle en siècle les canons de leur art, les formes et les détails — rudi-
mentaires il est vrai — des jardins de l'ancienne Perse.

L'Andalousie a moins bien conservé les traditions, mais a mieux
gardé, surtout à Séville et à Grenade, d'anciens et nombreux vestiges
de ces jardins qui jadis emplirent de parfums et de fleurs les grandes
cités du sud de l'Espagne.

Les restes, à demi ruinés, qui ont survécu malgré les guerres
continuelles, les destructions et les pillages, permettent d'imaginer ce
que furent ces ouvrages qui couvraient les deux tiers des villes. Car, à
l'habile dessin des édifices, les artistes persans ou musulmans associaient
la science plus subtile des jardins, le sens de la *combinaison des plantes
odorantes*, des fleurs brillantes, des fruits, des sombres feuillages, avec
d'innombrables fontaines, de discrets bassins, des canaux murmurants,
de petits jets d'eau multipliés et, pour mettre en valeur la volupté de
l'eau, ils la conduisaient, la sertissaient dans les émaux colorés de leurs
faïences et dans les marbres.

En certaines zones de la terre, l'eau est si largement distribuée
qu'il n'est presque besoin d'aucun effort pour en jouir et de peu de
travail pour l'utiliser; les pluies, sinon régulières, sont moins fréquentes;

c'est la condition de la plus grande partie de l'Europe, et ceux qui vivent dans ces régions n'arrivent pas sans quelque difficulté à cette conception que l'eau est pour l'homme l'élément le plus précieux.

Dans les contrées où la chaleur est excessive et la sécheresse continue pendant de longs mois, l'eau devient manifestement une richesse, une puissance. Elle est aussi une cause de plaisir, parce qu'elle s'accompagne toujours d'une végétation exubérante, d'ombrages, de parfums, de fruits, de fleurs nombreuses et magnifiques, parce qu'elle rafraîchit, parce qu'elle désaltère.

L'eau, son approvisionnement, sa distribution sont, dans ces pays chauds, des éléments essentiels de la culture et, par dessus tout, du jardin, qui n'est qu'un raffinement de l'agriculture. Aussi, au lieu d'enfermer l'eau dans des conduits invisibles, s'efforce-t-on de la montrer le plus possible et d'en multiplier l'aspect sous toutes les formes.

Le climat de la Riviera, du Sud de l'Espagne et de l'Italie, et de l'Afrique du Nord est celui qu'on dit de l'oranger, les végétaux, ceux d'orangerie.

Mais ce qu'il y a de particulier dans ces bords de la Méditerranée, c'est que les saisons sont nettement divisées en deux périodes : l'automne est pluvieux, l'hiver variable, avec de petits froids la nuit, jusqu'à 1 degré, rarement — cela se voit — jusqu'à 4 ou 5 au-dessous de zéro; mais à 10 heures, le soleil a toujours raison de ces excès du thermomètre ; il réchauffe vite l'air. Du printemps à l'automne, de mai à octobre, ce sont cinq ou six mois de ciel inaltérablement bleu, de soleil triomphant, parfois accablant.

Ce soleil éclatant, qui échauffe ainsi et féconde inlassablement les terres fertiles, finit par être desséchant et meurtrier. C'est alors que l'eau apparaît bien comme une richesse, car elle est, dans l'ardeur de ces mois brûlants, nécessaire pour tout et pour tous, et c'est alors que sa fraîcheur même devient une volupté.

Les jardins, pour être des lieux de repos et de délices, associent donc aux *parfums* vifs du jour et de la nuit, aux *couleurs* harmonieusement rivales des fleurs incessantes, des feuillages et des faïences, les ombrages et la fraîcheur des *eaux*.

La disposition des allées, qui sont en saillie très prononcée au-dessus du sol des carrés plantés, est un autre trait particulier de ces jardins. Elle a pour objet d'établir ainsi des retenues pour maintenir les eaux d'arrosage dans les carrés.

Les allées forment des levées de terre, de petites digues hautes de 30, 50 centimètres, parfois de 1 mètre et plus. Elles sont soutenues le plus souvent par des murettes.

Comme dans les pays méridionaux où l'été est extrêmement chaud, le sol est poussiéreux et comme, en hiver, dans la saison des pluies, cette poussière se transforme en boue, comme aussi l'usage était de se promener dans la maison et dans le jardin y attenant, pieds nus, tout au plus en babouches, l'habitude était naturellement venue de revêtir le sol des allées d'un *dallage*.

Et ce fut un des éléments décoratifs les plus importants et les plus intéressants de ces jardins.

En Asie, dans les régions où prédominait l'emploi de la terre cuite, pour éviter l'effet des grandes pluies on avait, dès les temps les plus anciens, imaginé de protéger ces matériaux par une couverture en émail. Les faïences de vives couleurs employées dans toutes les constructions de l'Orient devinrent peu à peu d'usage commun sur toutes les rives de la Méditerranée.

Dans les parements des édifices chaldéens, M. Dieulafoy a retrouvé des mosaïques faites avec des cônes en terre cuite qui, engagés par leur pointe dans un mortier, formaient des dessins géométriques. Par leurs bases colorées en jaune, en rouge et en noir, ils servaient à composer des dessins analogues à ceux qui plus tard furent copiés ou imités sous les premiers califes et qui parvinrent même jusqu'en France vers le IX⁰ et le X⁰ siècle de notre ère.

Au milieu du VII⁰ siècle, les Arabes en subjuguant la Syrie, la Mésopotamie, l'Égypte et les provinces septentrionales de l'Afrique, trouvèrent l'art de la mosaïque, ou plutôt de la marqueterie de faïence développé partout. Mais c'est avec l'aide des Persans que les Arabes substituèrent aux petits cubes d'abord les morceaux de faïence découpés, puis des carreaux d'assemblage.

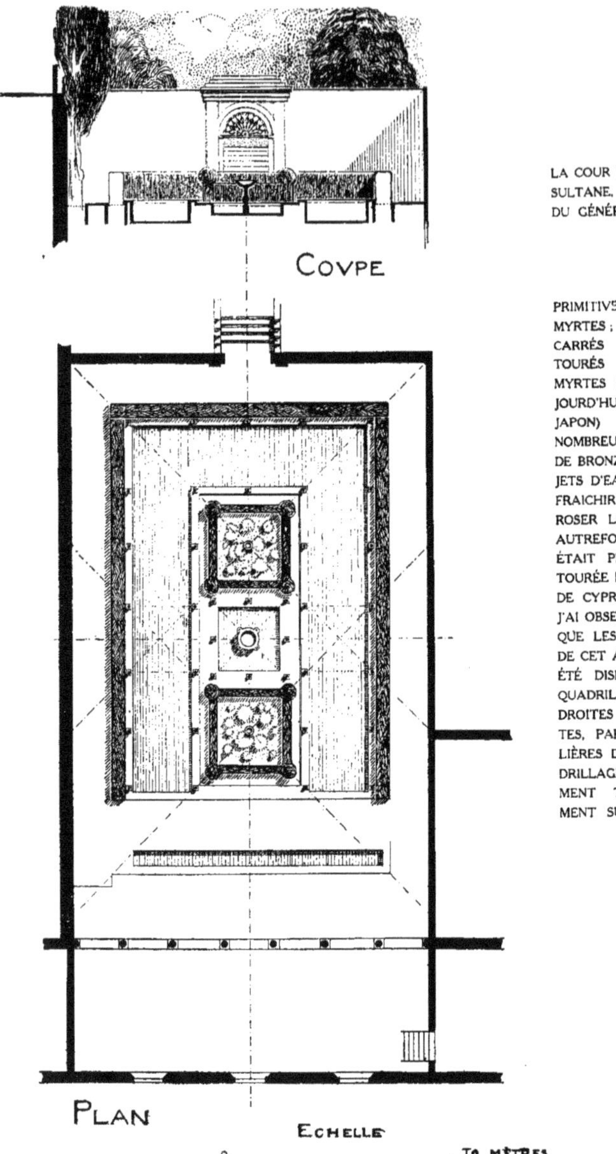

LA COUR DU CYPRÈS DE LA SULTANE, DANS LES JARDINS DU GÉNÉRALIFE :: :: :: ::

PRIMITIVEMENT HAIES DE MYRTES ; DANS L'ILE, DEUX CARRÉS DE FLEURS ENTOURÉS D'UNE HAIE DE MYRTES OU DE BUIS (AUJOURD'HUI EN FUSAINS DU JAPON) :: :: :: :: :: :: NOMBREUX PETITS AJUTAGES DE BRONZE POUR DE MENUS JETS D'EAU DESTINÉS A RAFRAICHIR L'AIR ET A ARROSER LES PLANTES :: :: AUTREFOIS CETTE COUR ÉTAIT PROBABLEMENT ENTOURÉE D'UNE PAROI VERTE DE CYPRÈS :: :: :: :: :: :: J'AI OBSERVÉ AVEC INTÉRÊT QUE LES DIVERS ÉLÉMENTS DE CET ARRANGEMENT ONT ÉTÉ DISPOSÉS D'APRÈS UN QUADRILLAGE DE LIGNES DROITES A 45°, ÉQUIDISTANTES, PAR DIVISIONS RÉGULIÈRES D'UN PREMIER QUADRILLAGE, ET PROBABLEMENT TRACÉES DIRECTEMENT SUR LE TERRAIN ::

Notre Moyen-Age emprunta à l'Asie et aux Musulmans ces arts et ces habitudes, qui gagnèrent non seulement le centre de l'Europe, mais les pays les plus septentrionaux des mers du Nord et de la Baltique.

L'Espagne, l'Italie et l'Afrique du Nord, où les climats étaient plus semblables à ceux de l'Orient, furent ceux où se développèrent naturellement et se conservèrent le plus complètement ces traditions. Séville, Triana, Valence, la Tunisie, l'Algérie, le Maroc connaissent l'abondant emploi des faïences de couleur (Azulejos).

Dans les pays de montagnes, le revêtement des allées est fréquemment en mosaïque de cailloux de couleur dont les dessins sont parfois assez compliqués, ou en marbre (Grenade). Ailleurs, il est soit de briques, soit de briques émaillées, soit de matériaux associés : émail, brique et marbre (Séville, Fez...).

L'association du marbre et des azulejos en dallage de cours ou d'allées de jardins est fréquente au Maroc.

Le ciel pur, l'air presque toujours tiède invitent au repos en plein air ; la chaleur parfois vive rendrait la promenade au jardin fatigante si les *sièges* n'y étaient multipliés et si l'on ne pouvait longuement s'y arrêter pour jouir en paix du parfum des fleurs, de la fraîcheur des eaux et des ombrages.

Aussi, partout se rencontrent les bancs, tantôt de marbre rare ou précieusement sculpté, tantôt de pierre, tantôt somptueusement décorés de faïences, ou même et le plus souvent simplement faits de maçonnerie grossière couverte de briques. Tout est prétexte pour établir des bancs. Ils sont placés contre le mur de la maison, autour de la cour d'entrée, le long des allées, des escaliers ou des terrasses ; les murettes, souvent, s'arrêtent à 50 centimètres du sol pour servir de sièges.

Et cette multiplication des repos, en dessinant par de nombreux traits fixes et rigides la physionomie du jardin, ajoutent beaucoup à son intérêt et à sa couleur.

Pour être ces endroits charmants de repos et de délices, les jardins associent au vert épais des Myrtes, des Buis, des Cyprès, aux couleurs, aux ombrages, à la fraîcheur des eaux, les *parfums* si vifs du jour et de la nuit.

Les parfums n'y sont point un hasard comme dans nos pays gris du Nord, mais un élément important ; ils doivent compter dans la composition d'une œuvre complète.

En hiver déjà, les Orangers et les Jasmins — et aujourd'hui les Acacias Mimosas — s'enveloppent d'atmosphère odorante. Ensuite, ce sont les Jasmins avec les Rosiers, les Chèvrefeuilles, les Genêts que les Castillans appellent Retama et les Andalous Gayumbo, la Yerba de Santa Maria [1], les Mirabilis Jalapa... Dans les nuits chaudes, les petits arbustes insignifiants qu'on appelle Dame de Nuit [2], étendent partout leur triomphante et violente odeur d'héliotrope.

A ces ensembles pénétrants s'ajoute le poivre des Œillets qui, dans l'air échauffé, s'annoncent de très loin.

En automne, à la Dame de Nuit succèdent les petites fleurs jaunes, doucement odorantes, du Cestrum aurantiacum, puis celles des Néfliers du Japon, si abondamment répandus. Et feuilles et fleurs des Lavandes ! des Romarins ! des Citronnelles (Lippia citriodora) dont quelques pieds étaient toujours plantés à la porte des maisons !...

L'énumération serait trop longue s'il fallait citer les noms de toutes les fleurs, de tous les feuillages odorants.

Le grand parti du jardin est rectangulaire et très simplement symétrique. Il ne rappelle pas les amples formes de nos jardins français. Dans ce tracé rectangulaire dessiné nettement par les allées et les hautes bordures — taillées en haie — de Myrtes, de Véroniques, de Fusains ou de Buis, brillent, parmi les arbres où sont nombreux les divers Orangers et les Palmiers, les fleurs habituellement dispersées.

Aux carrefours, de petits bassins, avec ou sans vasques, servent de réservoirs secondaires pour la distribution de l'eau dans les carrés voisins.

Les grands ensembles s'obtiennent en multipliant cet élément dans un dessin en quadrillage, en élargissant quelques allées toujours en

---

(1) Tanacetum balsamita.
(2) Cestrum nocturnum.

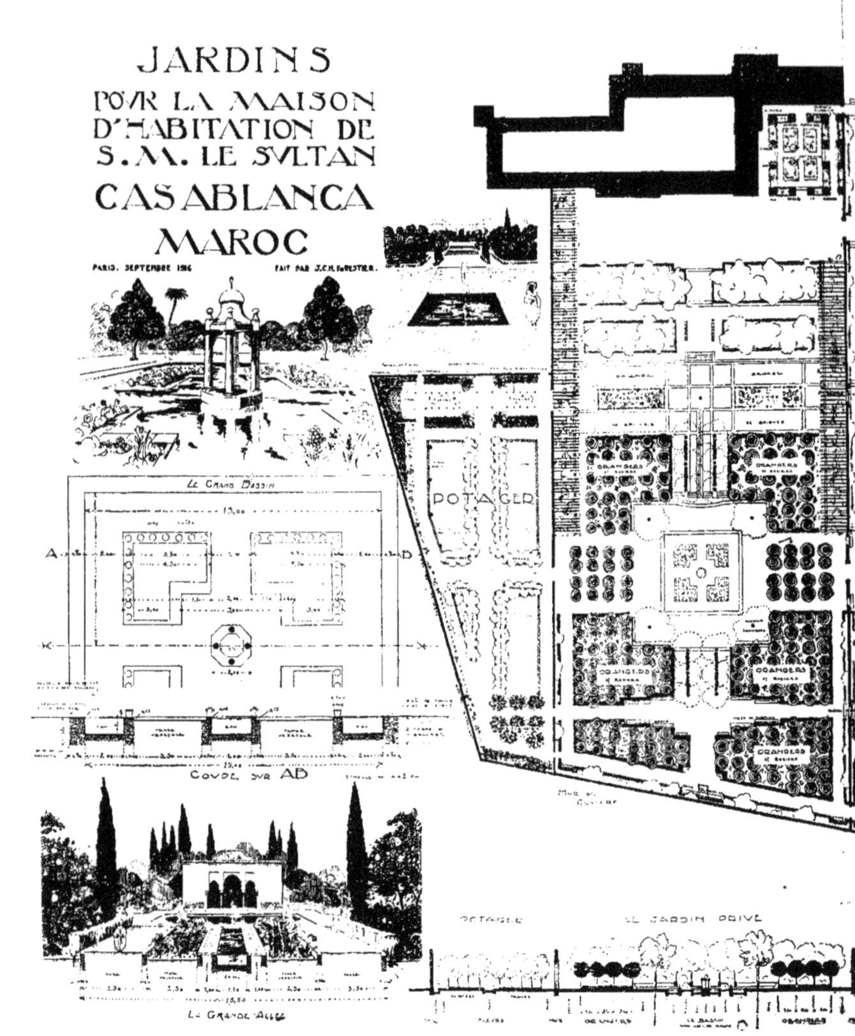

JARDINS
POUR LA MAISON
D'HABITATION DE
S. M. LE SULTAN
CASABLANCA
MAROC
PARIS. SEPTEMBRE 1916
FAIT PAR J.C.N. FORESTIER.
LE GRAND BASSIN
A
B
POTAGER
ORANGERS
COUPE SUR AB
LE GRANDE ALLÉE
OCTAGLE
LE JARDIN PRIVÉ
MUR DE CLOTURE

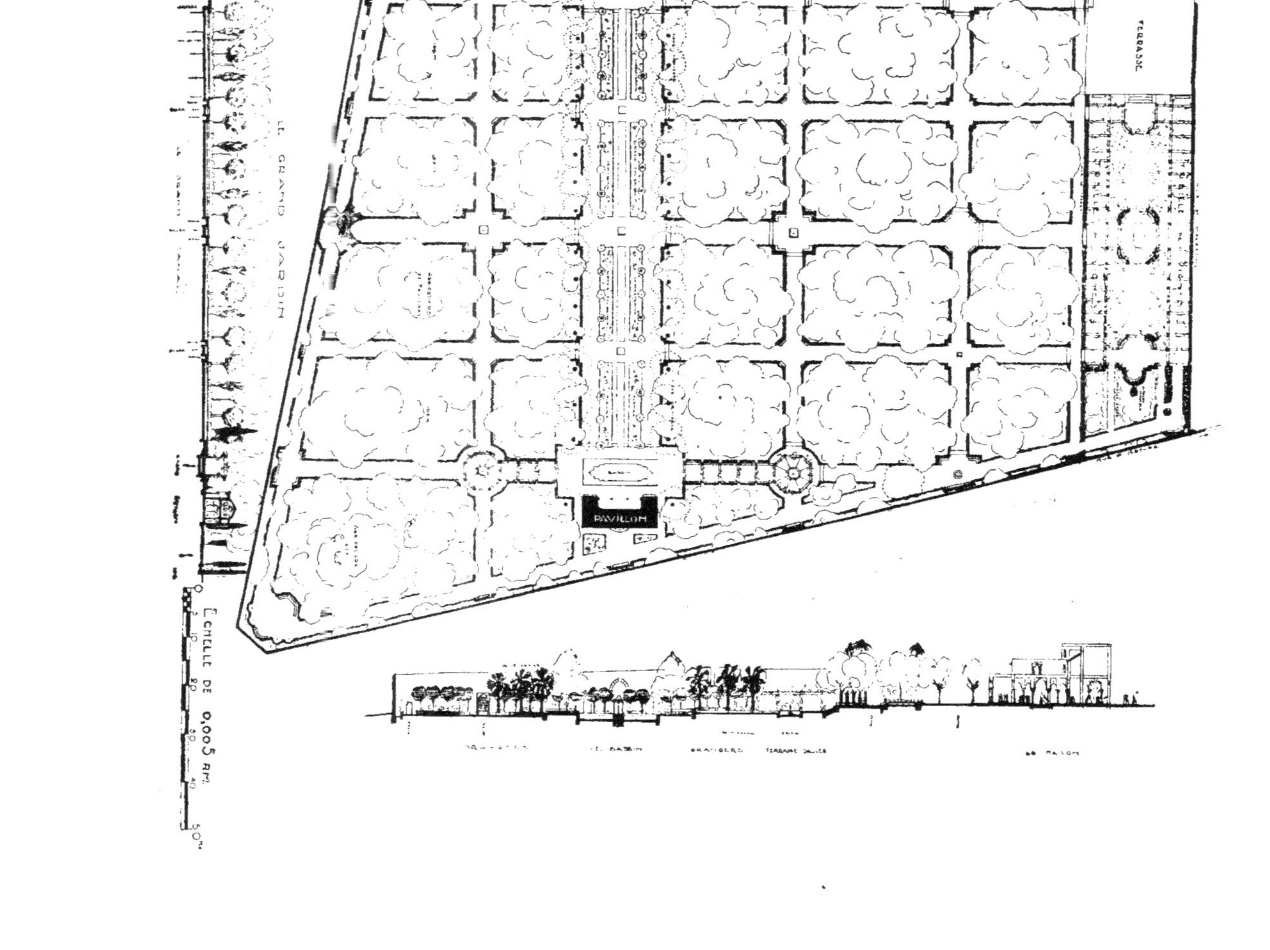

LE GRAND JARDIN
TERRASSE
PAVILLON
ECHELLE DE 0,005 P.M.

saillie, en variant la forme des bassins, en mêlant mille fantaisies ingénieuses au cours de l'eau montrée et conduite d'un bout à l'autre de la surface, de terrasse en terrasse, en unissant à toutes les couleurs et à tous les parfums, dans la lumière ardente, le bronze des Magnolias, les pointes, les arcs de Cyprès, [les Buis, les parois de Myrtes odorants, le feuillage sombre des Lauriers et des Orangers.

Le Laurier et surtout le Cyprès noir, arbre sacré de la Vénus assyrienne, symbole de la perpétuité de la vie, rehaussent l'éclat des fleurs tendres des Orangers, des Rosiers, et aussi des Amandiers, des Abricotiers, des Pêchers, que les savants jardiniers persans apportèrent en Europe. Contrastes toujours recherchés.

Bordures de Rosiers, haies de Myrtes ou de Jasmins, parois de Lauriers, murailles de Cyprès, masses de Chênes verts, treilles de Vignes, de Chèvrefeuilles ou de Roses formeront les cadres rigides, les fonds obscurs de ces jardins ensoleillés et brillants de toutes les couleurs.

Ces jardins sont clos. « Hortus conclusus », dit la Bible.

Les peuples méridionaux, à la fois exubérants et méfiants, recherchent l'intimité de la demeure. Ce désir exclut les vues ouvertes sur l'extérieur, sauf des terrasses en terrains montagneux dont l'escarpement est une protection. Ailleurs, on en jouit des toits des pavillons et des miradors. Pavillons et miradors, blancs ou revêtus d'azulejos, aident à la variété des aspects, aux décors des brèves perspectives, — abris contre la chaleur et le vent — où le mince jet d'eau chante, dans la vasque de marbre, dans le bassin de faïence, sa chanson rafraîchissante.

. Le goût passionné de la couleur se manifeste dans les contrastes violents qui parent les fleurs d'un éclat surprenant : ici, près d'un mur très blanc, c'est le rapprochement du feuillage noir des Cyprès fastigiés des fleurs tendres des Pêchers, des Amandiers, des Abricotiers ou des fleurs pourpres du Bougainvillier, du Tecoma Capensis, d'un Rosier ; l'enroulement des Rosiers autour de leurs fuseaux sombres ; là, des Anémones ou des Tulipes sont encadrées de Myrtes épais ; des Lauriers roses se penchent sur un appui de marbre blanc ; ils dressent leurs fleurs si fraîches contre un mur blanchi à la chaux au-dessus duquel éclate le bleu clair d'une masse de Plumbago Capensis ou le bleu profond et violent des Ipomées (Ipomea Leari et I. rubrocoerulea).

Le bleu, couleur rare parmi les fleurs, est, par contre, la couleur
dominante des céramiques du jardin, et rien n'égale son harmonieuse et
somptueuse vivacité dans les verts feuillages, près de la blancheur des
murs et des marbres, dans le rouge brun des briques, parmi les Roses
de Bengale et les Marguerites blanches des Anthemis, à côté des jaunes
triomphants des Gazanias, des Chrysanthèmes, des Soleils ou des Roses
de Perse, des rouges pourpre et vermillon des Bougainvilliers. Mais sur
cette orgie de couleurs éclatantes se déploie le bleu profond du ciel, se
répand la lumière étincelante, joyeuse, qui noie toutes les violences
dans sa splendeur.

Tout est fait pour les plantes et pour obtenir d'une vie intime
avec elles les plus vives jouissances.

Cernés par la ligne régulière des haies sombres, les fleurs et les
arbustes dispersés comme au hasard ne fatiguent pas le regard par la
sécheresse d'une continuelle multiplication de lignes dessinées, mais
produisent un aspect d'une richesse éclatante. Le très simple parti
rectangulaire suffit à donner l'impression d'une composition claire, de
l'ordre précis de l'ensemble.

Ces jardins furent conservés en Andalousie, la Bétique, terre
propice préparée par une longue civilisation latine.

Ils étaient si parfaitement adaptés au climat et aux habitudes de
vie des pays méditerranéens, qu'ils se sont perpétués en Espagne. Il est
même curieux de noter que ce furent des jardiniers andalous qui
rapportèrent dans les pays arabes de l'Afrique du Nord les canons de
leur art oublié.

Les restes qui se rencontrent encore en Californie, au Mexique,
dans les vieilles colonies espagnoles et portugaises de l'Amérique du
Sud — surtout dans les jardins des communautés religieuses — attestent
l'influence asiatique transportée par des jardiniers espagnols, venus au
temps des conquêtes.

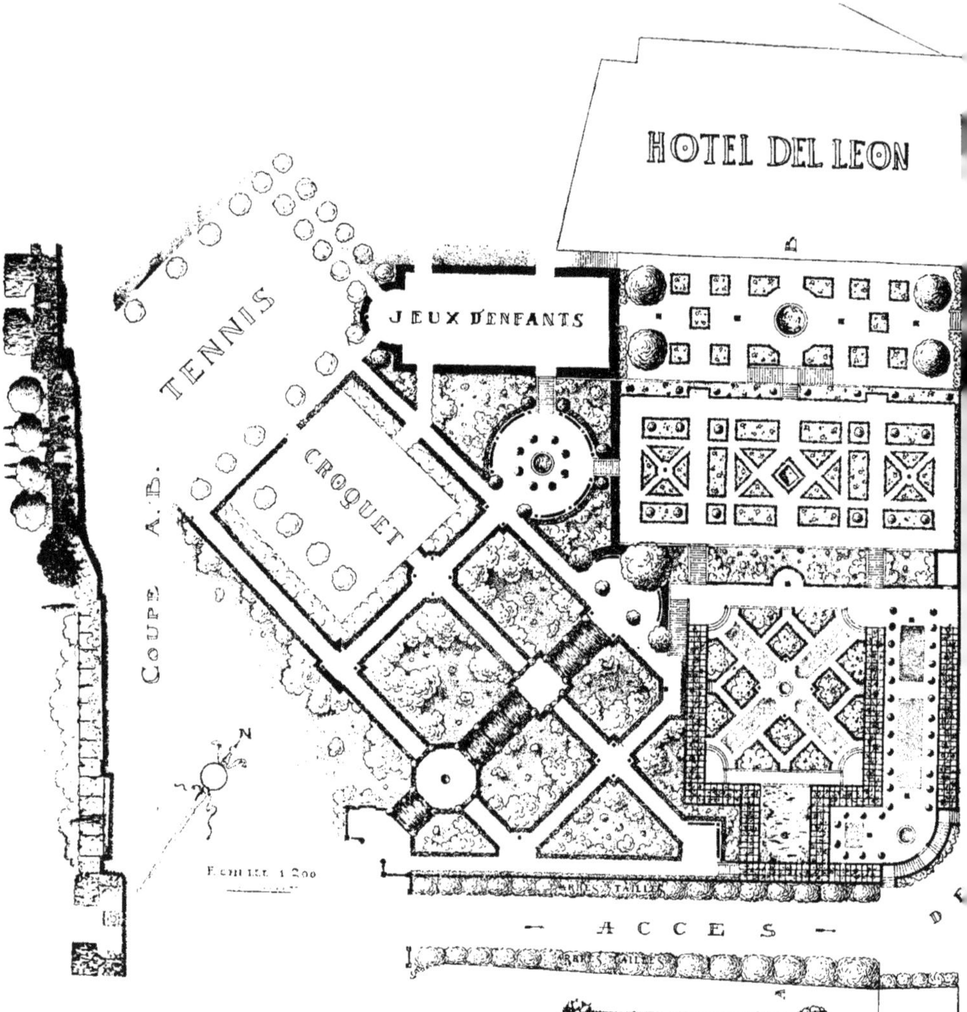

LE GROS ARBRE FIGURÉ AU BAS DE
L'ANGLE SUD DE LA SECONDE TERRASSE
EST UN VIEUX CAROUBIER MAGNIFIQUE
QU'IL FALLAIT CONSERVER :: :: :: ::

JARDINS POUR L'HOTEL DEL LEON

LE projet était de transformer en hôtel une vieille maison seigneu-
riale catalane. Cette construction exigeait d'être précédée d'un
jardin. Le terrain est en pente assez accentuée. Il était, d'autre
part, nécessaire de trouver un accès par le jardin, tant à pied qu'en
voiture. L'arrivée se trouvait à l'angle inférieur sud. Ces conditions ont
déterminé en grande partie l'arrangement du jardin. L'accès des voitures
a été placé sur les bords, afin de permettre une succession de terrasses,
et d'épargner au jardin d'être traversé par une circulation de voitures.

Le climat commande d'éviter le plus possible les grandes pelouses,
difficiles à entretenir et même à maintenir en été. Mais il est possible
de faire quelques étroits tapis verts en plantes naines gazonnantes, telles
que le Lippia repens ou le Mesembryanthemum, au soleil, les Pervenches
et les Violettes, à l'ombre. Il en est bien d'autres.

Il y avait à la fois à maintenir les vues libres sur un panorama
magnifique et à constituer beaucoup d'ombrage. Pour ce motif, quelques
arbres ont été placés sur les côtés, et la terrasse la plus basse est
entourée de treilles qui offrent des promenoirs ombragés sans faire
obstacle à la vue.

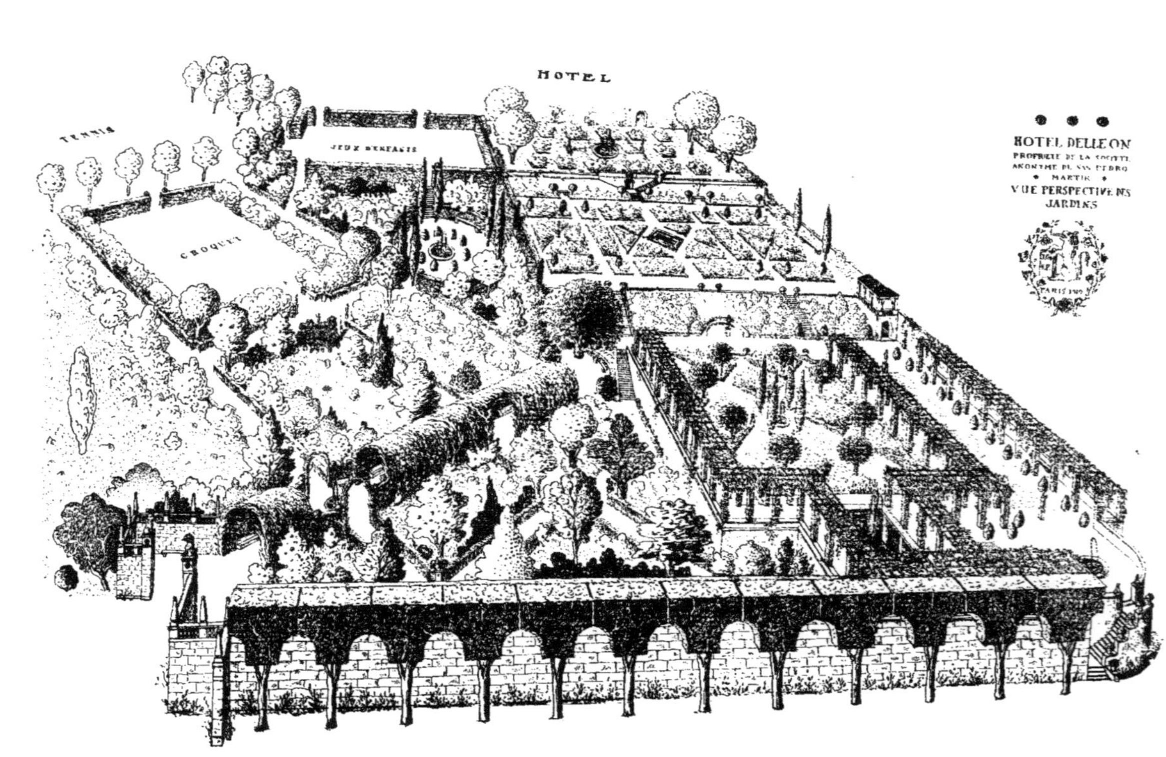

HOTEL
TENNIS
JEUX D'ENFANTS
CROQUET
HOTEL DELLE ON
PROPRIETE DE LA SOCIETE
ANONYME DE SAN PEDRO
MARTIR
VUE PERSPECTIVE DES
JARDINS
PARIS

PARIS JUILLET 1919
J.C.N.FORESTIER
❀ ALLÉE EN BERCEAU ❀ JARDINS DE L'HOTEL DEL'LEON ❀ A PEDRALVES ❀

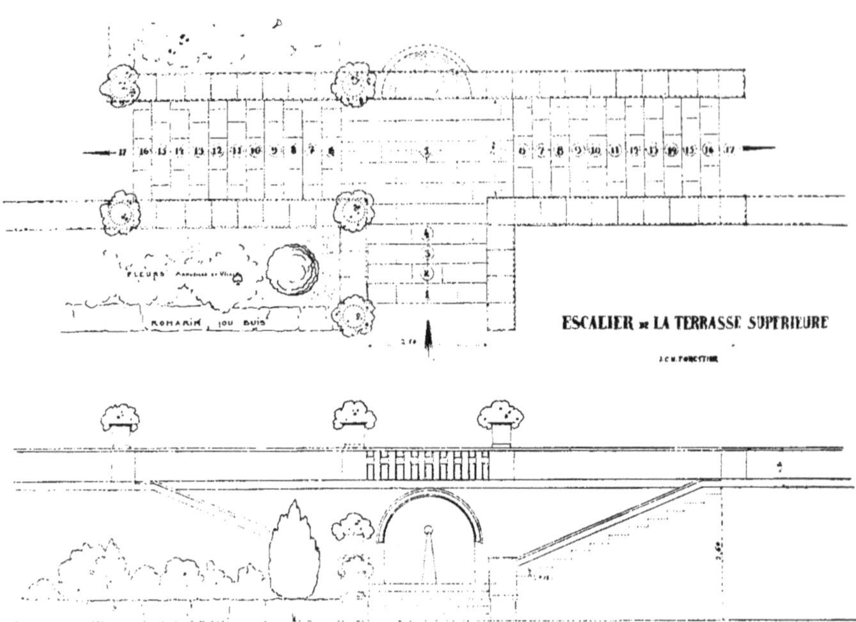

FLEURS
ROMARIN   ou BUIS
ESCALIER de LA TERRASSE SUPÉRIEURE
J. C. N. FORESTIER

HOTEL DEL LEON ••••• JARDINS ••••• PAVILLON ••••• PARIS J.C.N. FORESTIER.

HOTEL-DEL LEON-JARDINS

ANGLE EST

ELEVATION

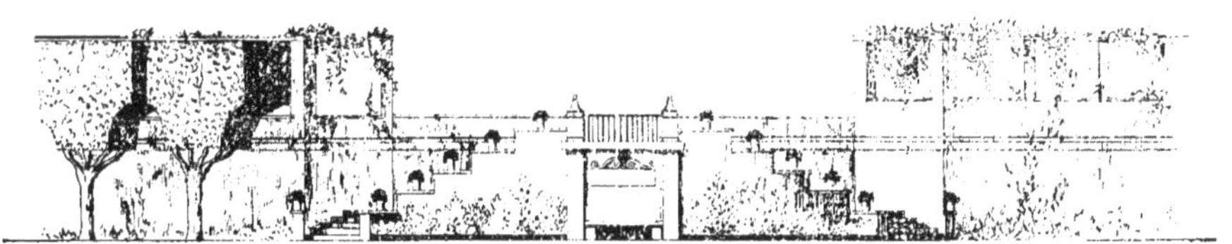

PARIS JUIN 1919
HOTEL DE LEON
VUE EN C DU PLAN
J.C.N. FORESTIER

JARDIN DE LA CASA DEL REY MORO
A RONDA (ESPAGNE), EN ANDALOUSIE.

Ronda est une petite ville espagnole très ancienne située à 700 mètres d'altitude dans les montagnes voisines de Malaga et d'Algésiras. Elle est traversée par un torrent de débit très irrégulier qui coule dans une gorge profonde. Il y fait très chaud en été; parfois l'hiver y est assez froid, mais sans qu'on ait à y craindre des températures dangereuses pour les Orangers, s'ils sont abrités des vents du Nord.

Le vieux palais des Rois Maures n'a laissé que peu de vestiges dont la propriétaire actuelle, Madame la Duchesse de Parcent, a tiré un heureux parti. Devant le bâtiment, sur les rochers surplombant le ravin, ont été apportées des terres. Et le petit jardin, resserré entre la rue — Calle Marques de Paradas — et le ravin, a été établi sur trois niveaux. La même eau descendant d'un grand réservoir construit à la partie supérieure de la maison, sort en jet dans le bassin de la première terrasse, puis, de là, coule en rigole ouverte, dans le dallage de briques et faïences de couleurs, de terrasses en terrasses jusqu'à la partie la plus basse.

Les bois de la treille de Rosiers appuyée au mur de clôture sont peints en noir et supportés par d'anciennes colonnes de marbre blanc. Dans les plates-bandes rectangulaires de la terrasse intermédiaire sont plantés des Rosiers. Ils sont bordés de petits Fusains nains et entrecoupés de filets de Buis.

Orangers, Mimosas, Cyprès, Palmiers, Lauriers-roses, Cestrum et Myrtus font des taches de verts sombres et de couleurs vives. — Les fonds sont obtenus par des Myoporum insulare, des Pittosporum Tobira, P. Undulatum et P. Mahi....

Le premier petit bassin et les bancs sont en faïences de couleur
(azulejos) : les pavements, les rigoles et les escaliers, en briques rouges
et faïences.

: Jardin pour „La Casa del Rey Moro" à Ronda :

. propriété de Mme de Yturbe .

fait par J.C.N.Forestier. 19.. Echelle 0,01^m

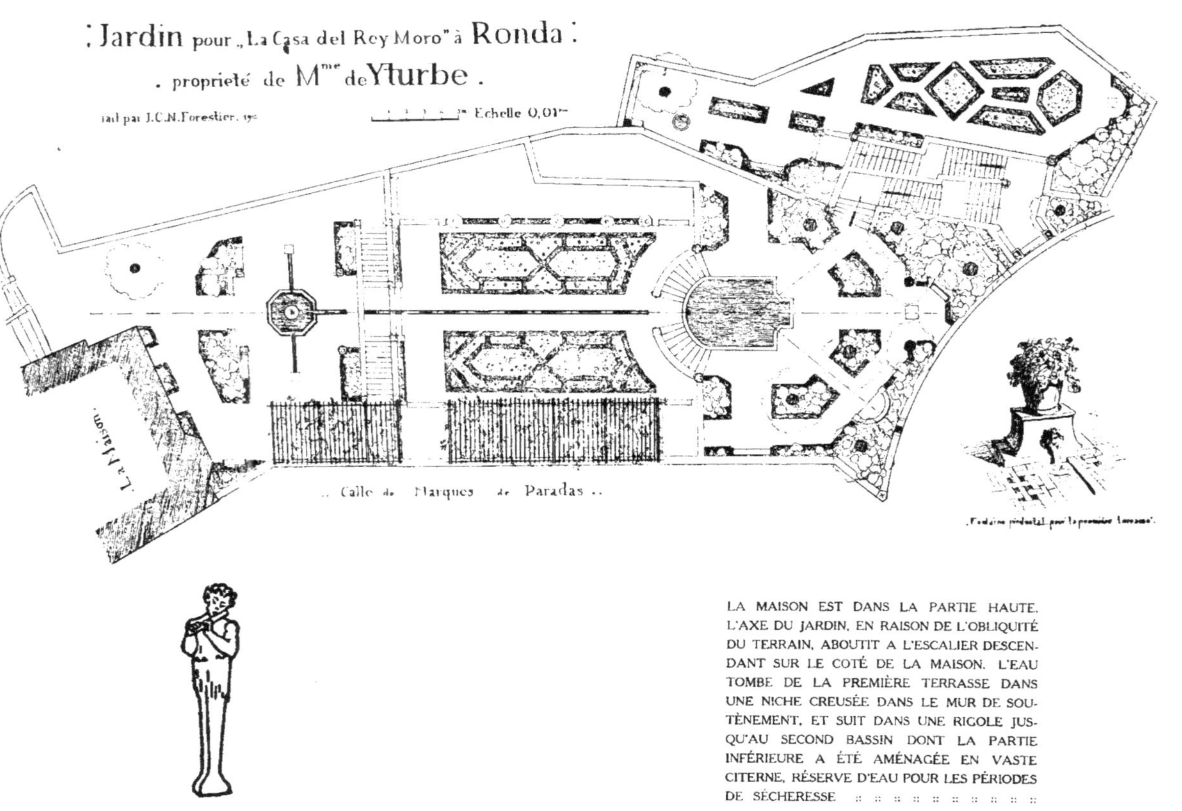

LA MAISON EST DANS LA PARTIE HAUTE.
L'AXE DU JARDIN, EN RAISON DE L'OBLIQUITÉ
DU TERRAIN, ABOUTIT A L'ESCALIER DESCEN-
DANT SUR LE COTÉ DE LA MAISON. L'EAU
TOMBE DE LA PREMIÈRE TERRASSE DANS
UNE NICHE CREUSÉE DANS LE MUR DE SOU-
TÈNEMENT, ET SUIT DANS UNE RIGOLE JUS-
QU'AU SECOND BASSIN DONT LA PARTIE
INFÉRIEURE A ÉTÉ AMÉNAGÉE EN VASTE
CITERNE, RÉSERVE D'EAU POUR LES PÉRIODES
DE SÉCHERESSE :: :: :: :: :: :: :: :: ::

C^E parterre de broderie se trouve devant la façade, côté du jardin, entre deux talus qui sont couverts d'arbustes.

Il doit surtout être vu du premier étage du palais, qui est l'étage principal, et des allées latérales qui sont au niveau de ce premier étage.

Les talus ont la hauteur du rez-de-chaussée.

Au fond, un autre talus planté d'Iris est surmonté par une allée couverte d'une treille de Rosiers ; elle n'est pas figurée dans ce plan.

A peu près au centre se trouvait un bassin construit déjà depuis quelques années, qui était à conserver.

JARDINS EN CATALOGNE

L E terrain difficile de cette propriété était, au point où se trouve figurée la maison, au niveau de la rue et de l'avenue dont il fait l'angle ; mais brusquement, il se creusait en ravin où coulait un torrent. Quelques beaux vieux arbres — Chênes et Caroubiers — exigeaient d'être respectés ; ils se trouvaient sur le talus, devant l'emplacement de la maison, et au pied de ce talus.

Il a fallu couvrir le torrent ; la partie ainsi couverte n'ayant qu'une faible épaisseur de terre, ne pouvait aisément recevoir de plantes, et le fond très clair épargnait à ce terrain creux et resserré une impression de tristesse ; c'est pour ce motif qu'il a été aménagé en tennis ou terrain de jeux pour les enfants.

Les détails en coupe, élévation et perspective, peuvent donner l'idée de l'aménagement contre le mur séparatif faisant face à la maison.

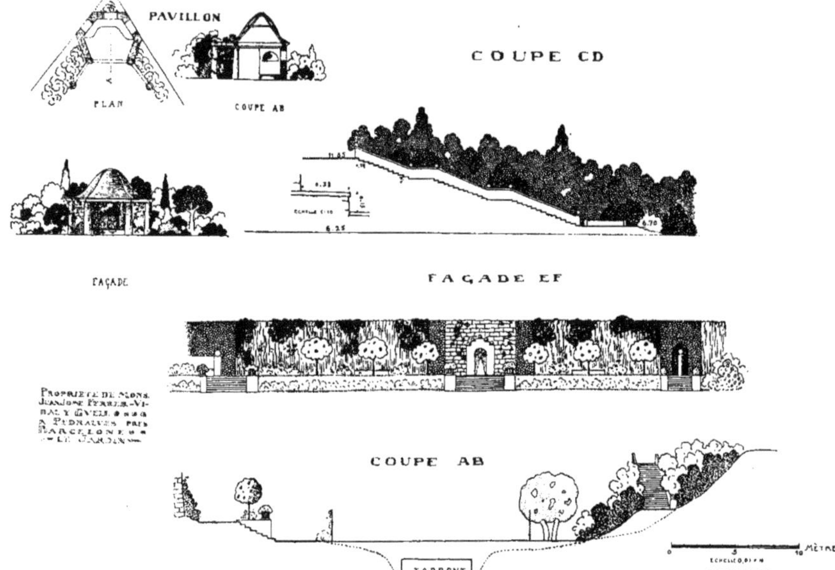
PAVILLON
PLAN
COUPE AB
COUPE CD
FAÇADE
FAÇADE EF
COUPE AB
TORRENT
MÈTRES
ÉCHELLE 0,01 P.M
J.C.N.FORESTIER
PARIS JANV. 1919
PROPRIÉTÉ DE MONS.
JEANJOSE FRARIER-VI-
RAL Y GIVELL à
A. PEDRALVES PRÈS
BARCELONE
LE JARDIN
Plan de comparaison 2,00

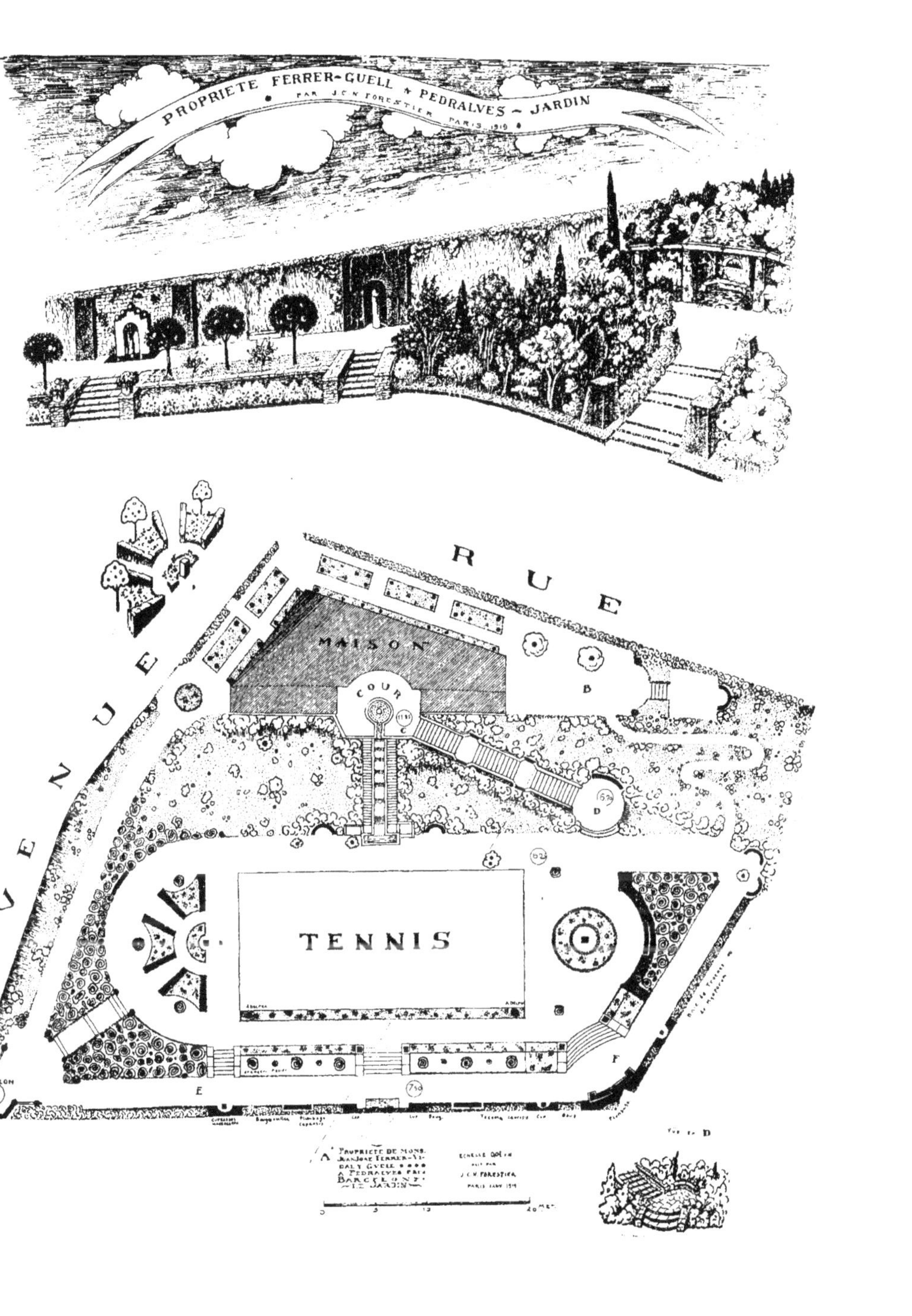

PROPRIETE FERRER-GUELL · PEDRALVES ~ JARDIN
PAR J·C·N·FORESTIER · PARIS 1919
RUE
AVENUE
MAISON
COUR
B
C
D
TENNIS
PAVILLON
E
F
PROPRIETE DE MONS.
JEAN-JOSE FERRER-VI-
DALT GUELL
A PEDRALVES PRES
BARCELONE
~ LE JARDIN ~
ECHELLE
FAIT PAR
J·C·N·FORESTIER
PARIS JANV 1919

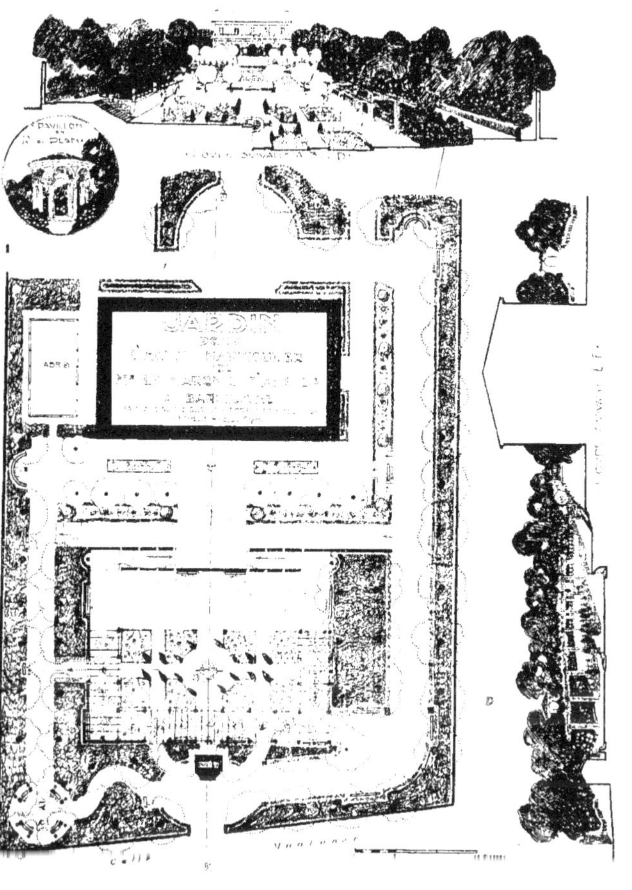

Au verso, voir la variante : Un bassin de Nymphœas est substitué au parterre des Roses dans le cadre de la treille. — Pour les variétés de Nymphœas, voir à : "Jardin dans le Sud-Ouest de la France".

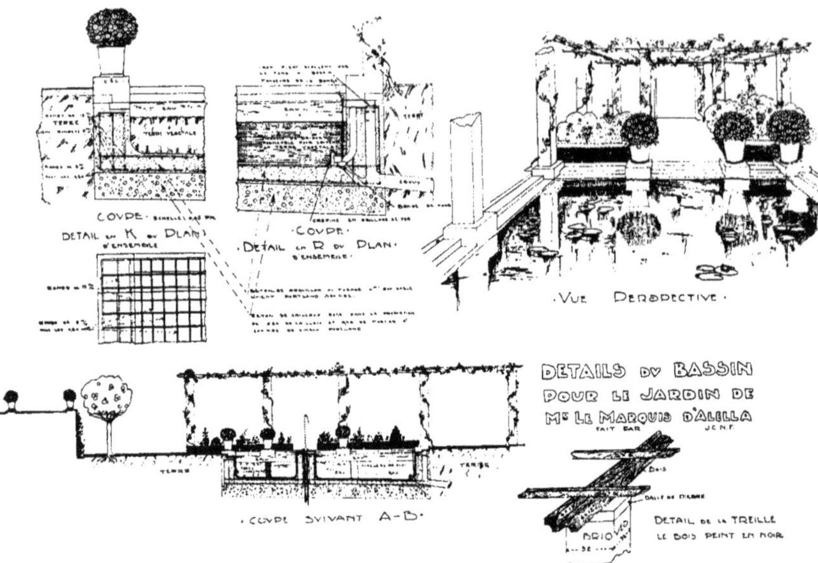

COVPE
DETAIL en K dv PLAN
D'ENSEMBLE
COVPE
DETAIL en R dv PLAN
D'ENSEMBLE
· VVE · PERSPECTIVE ·
DETAILS dv BASSIN
POVR LE JARDIN DE
M. LE MARQVIS D'ALELLA
FAIT PAR J.C.N.F.
· COVPE SVIVANT A-B ·
BOIS
DALLE DE PIERRE
BRIQVE
DETAIL DE LA TREILLE
LE BOIS PEINT EN NOIR
TERRE

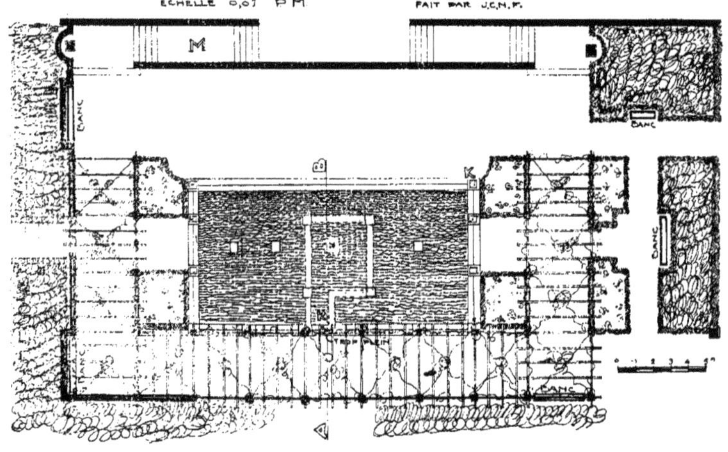

· PLAN D'ENSEMBLE DV BASSIN ·
· JARDIN de M. LE MARQVIS D'ALELLA ·
ECHELLE 0,01 P.M   FAIT PAR J.C.N.F.
M
BANC
BANC
BANC

. HÔTEL D'ALELLA .
. FONTAINE DU PARTERRE DES ROSES.

CETTE fontaine, en faïence de couleur dans un dallage de briques et de faïence, est celle qui est figurée dans le plan d'ensemble de l'hôtel d'Alella, qui précède.

Ci-contre est une variante : Bassin de Nymphœas au lieu de parterre de Roses. On y trouve l'indication de murettes divisant le bassin ; elles ont pour objet de retenir les terres en laissant libre le centre, afin d'assurer la circulation et l'écoulement de l'eau. Les sommets de piliers immergés affleurent le niveau de l'eau : ils doivent supporter les madriers dont les jardiniers se servent pour nettoyer les plantes aquatiques et en cueillir les fleurs.

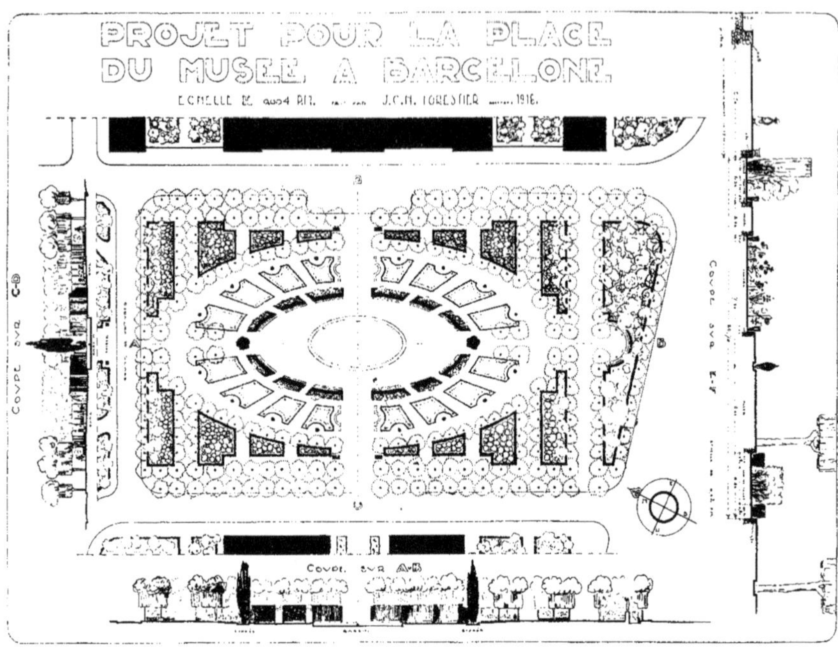

JARDIN POUR UNE PLACE DE TRÈS FAIBLE CIRCULATION

C^E devait être à la fois une place et un jardin, avec des promenoirs ombragés, de l'eau et une grande profusion de fleurs.

La circulation des voitures doit y être très restreinte, mais néanmoins possible et aisée pour permettre d'arriver au Musée et aux édifices qui se trouvent sur l'autre côté de la place. Une chaussée carrossable en fait donc le tour.

Le promenoir est ombragé par des Platanes taillés assez bas ; les branches, se rejoignant, sont soudées les unes aux autres au moyen de

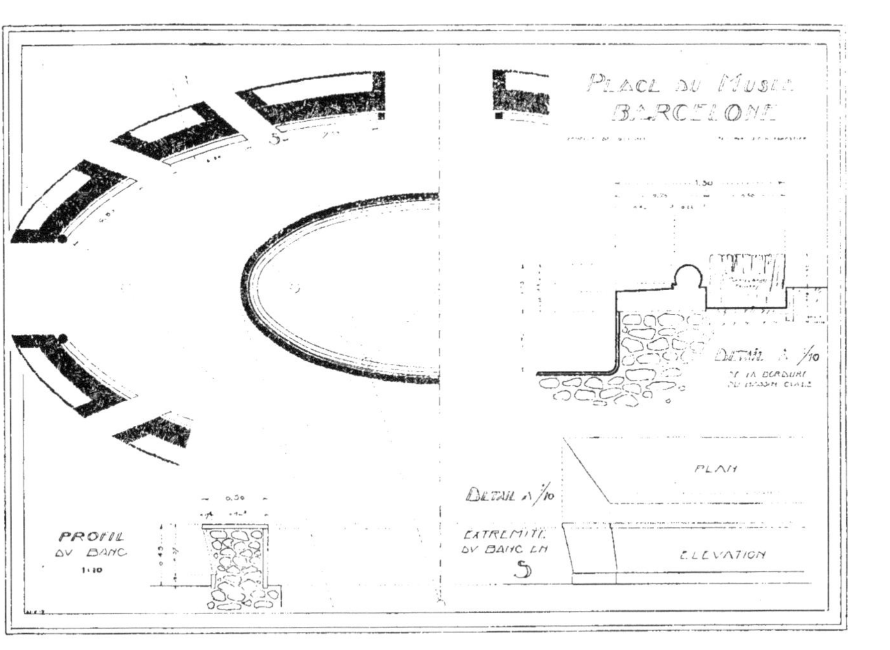

greffes par approche : elles uniront tous ces arbres qui, mêlant leur sève,
constitueront un plafond de verdure ; par la taille, il sera maintenu à
4 mètres environ de hauteur, pour laisser toujours libres les vues des
bâtiments.

Une paroi de Cyprès de Lambert Cupressus macrocarpa entoure
l'ovale du centre, dont le milieu est occupé par le bassin. La margelle
est en briques accompagnée d'un large filet de Myrtes ; l'eau est émaillée
des couleurs diverses des fleurs de Nymphœas. Les carrés
de fleurs ont pour fond, d'un côté les masses
d'arbres du pourtour, et de l'autre,
la paroi de Cyprès.

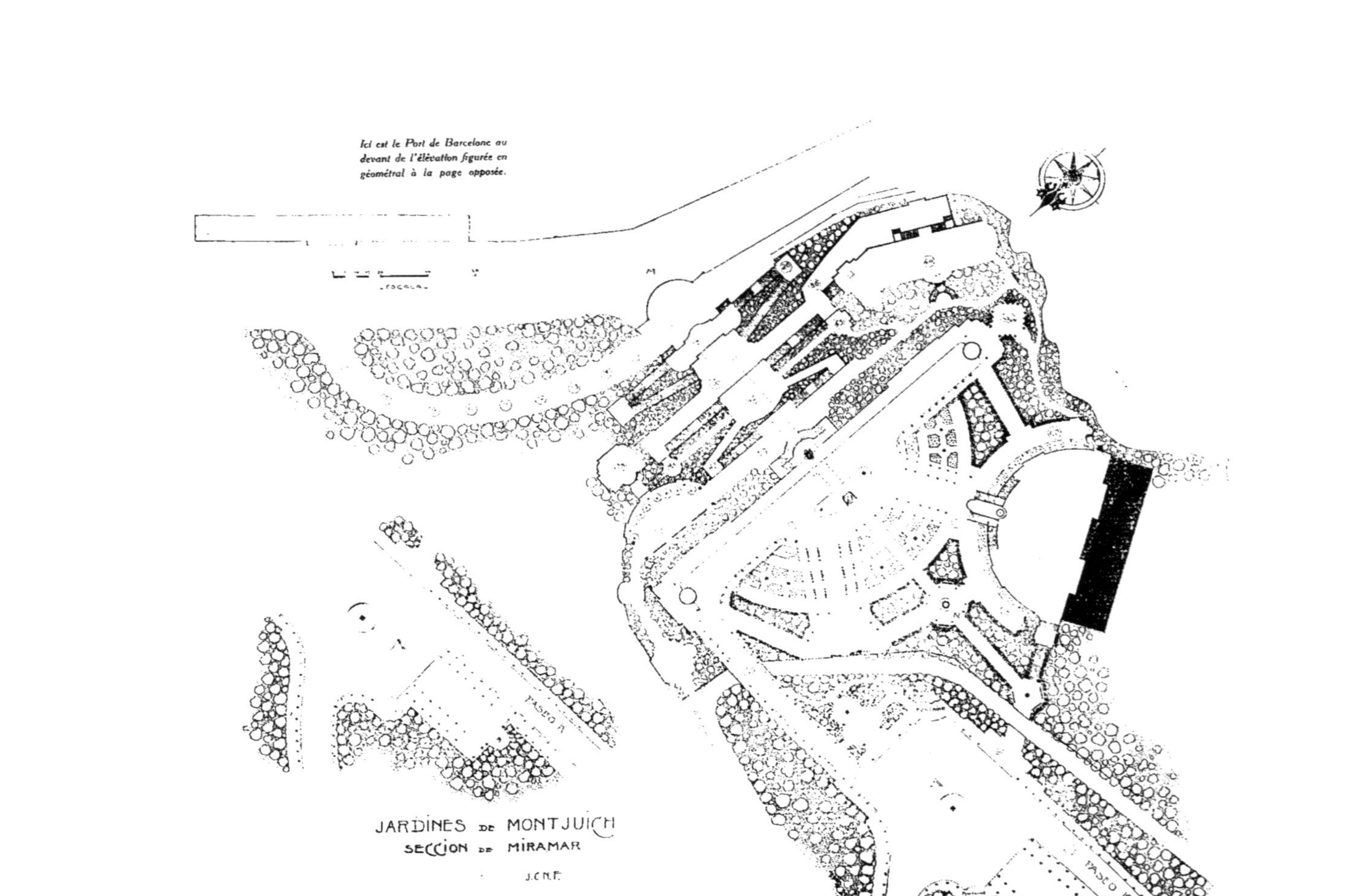

Ici est le Port de Barcelone au devant de l'élévation figurée en géométral à la page opposée.
ESCALA
PASEO R
PASEO R
PASEO R
JARDINES DE MONTJUICH
SECCION DE MIRAMAR
J.C.N.E.

JARDINES de MONTJUICH

SECCION de MIRAMAR

ELEVACION FRENTE AL LEVANTE

PARIS juin 1919
FAIT PAR J.C.N. FORESTIER.

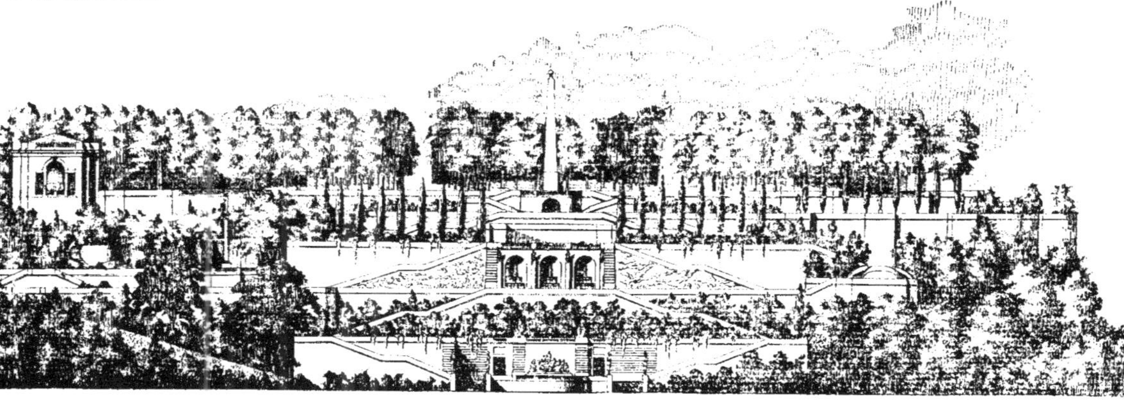

VUE EN ÉLÉVATION DU PROJET
DES JARDINS DE MIRAMAR DU
COTÉ DU PORT DE BARCELONE

Montjuich
Terrado arriba
de la Roselada
Escala 1:50
Hecho por J.C.N. Forestier
Paris Septiembre 1918
Encina
Paseo Sª Madrona

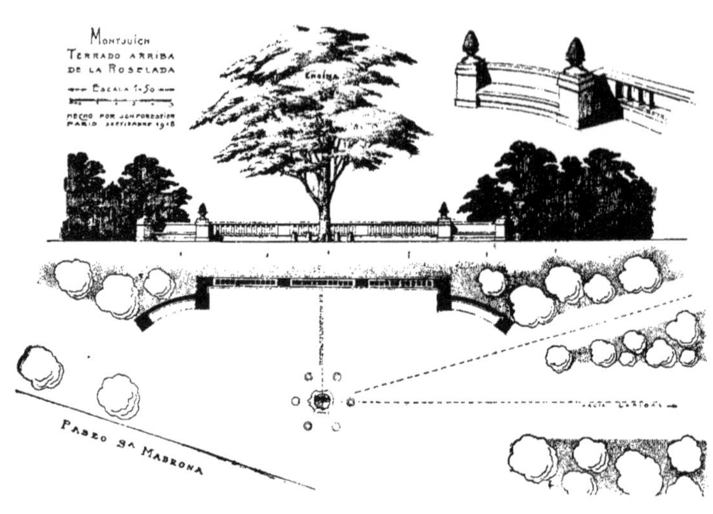

DÉTAIL

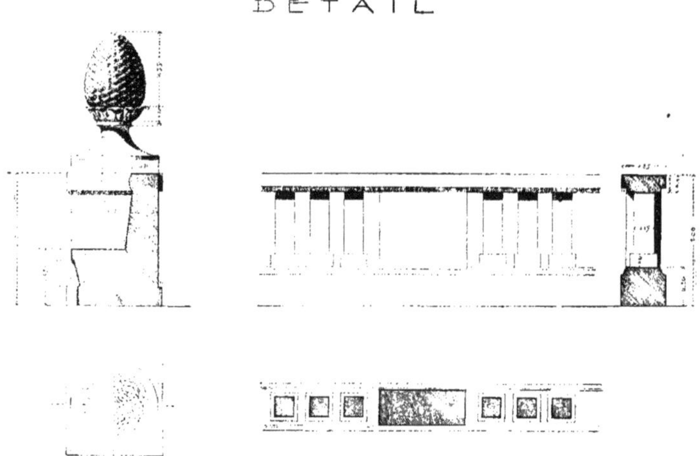

JARDIN POUR UNE USINE SUR LES RIVES
DE LA MÉDITERRANÉE

L^{ES} grandes usines sont le plus souvent placées dans des endroits
ingrats, ou entourées d'autres usines, qui en rendent les abords
sans agrément.

C'est un devoir élémentaire que de tenter, en parant leurs abords
et en les entourant de jardins, d'en atténuer les laideurs et les inconvénients pour tous ceux, ingénieurs, chefs d'industrie, surveillants, qui
doivent y habiter, pour les ouvriers, qui passent là une grande partie
de leur vie.

C'est la raison qui détermina la création de ce jardin à l'usine
d'électricité de San Adrian, située en Catalogne, au bord de la mer, sur
un terrain sablonneux.

Les difficultés de plantation paraissaient devoir rendre tout effort
stérile. Aux vents brûlants de la mer s'ajoutaient les fumées abondantes
des usines voisines. Pour y parer, la première opération a été d'entourer
le terrain de plantes à rapide développement ne craignant pas les vents
de mer, et susceptibles d'abriter les plantes plus délicates qui avaient
pour mission de fleurir, d'orner et de parfumer ce jardin.

L'entourage a été fait principalement dans ce but avec des Myoporum et surtout le M. insulare, des Cyprès de Lambert, des Casuarinas,
et, en certains points, des Tamarix.

L'obligation d'arroser abondamment a fait adopter le principe des
jardins arabes, qui facilite l'arrosage par irrigation ; donc les carrés
plantés ont été creusés à un niveau inférieur à ceux des allées.

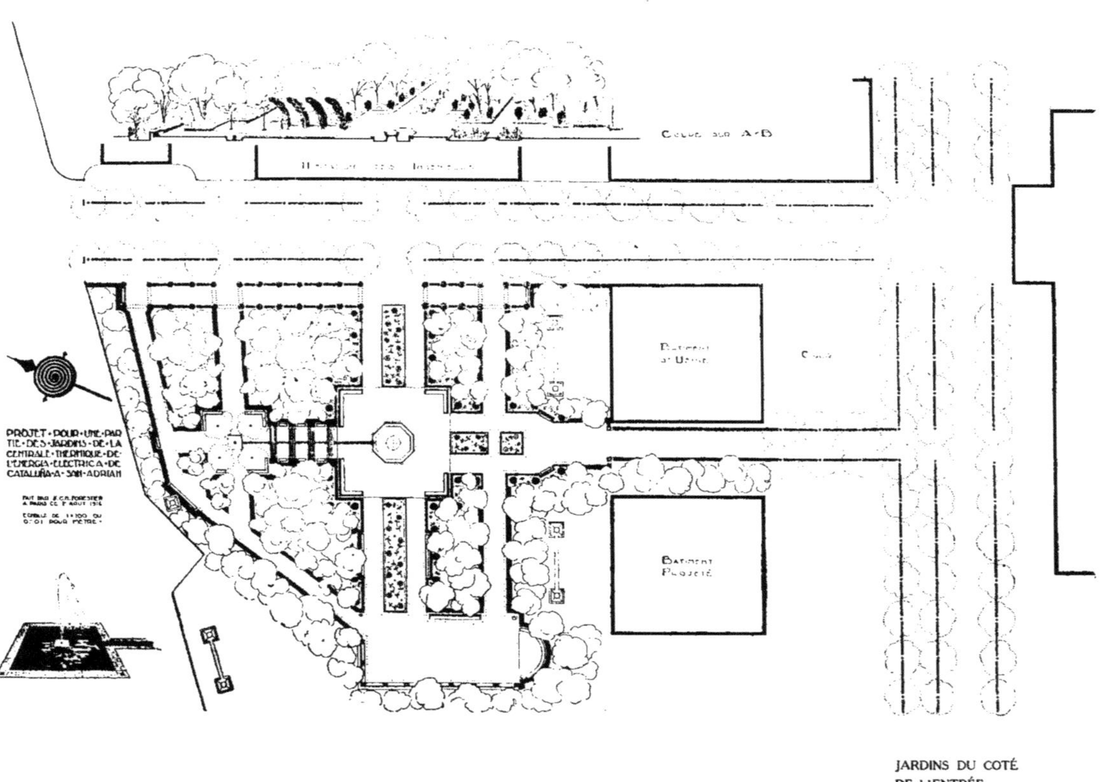

JARDINS DU COTÉ DE L'ENTRÉE :: ::

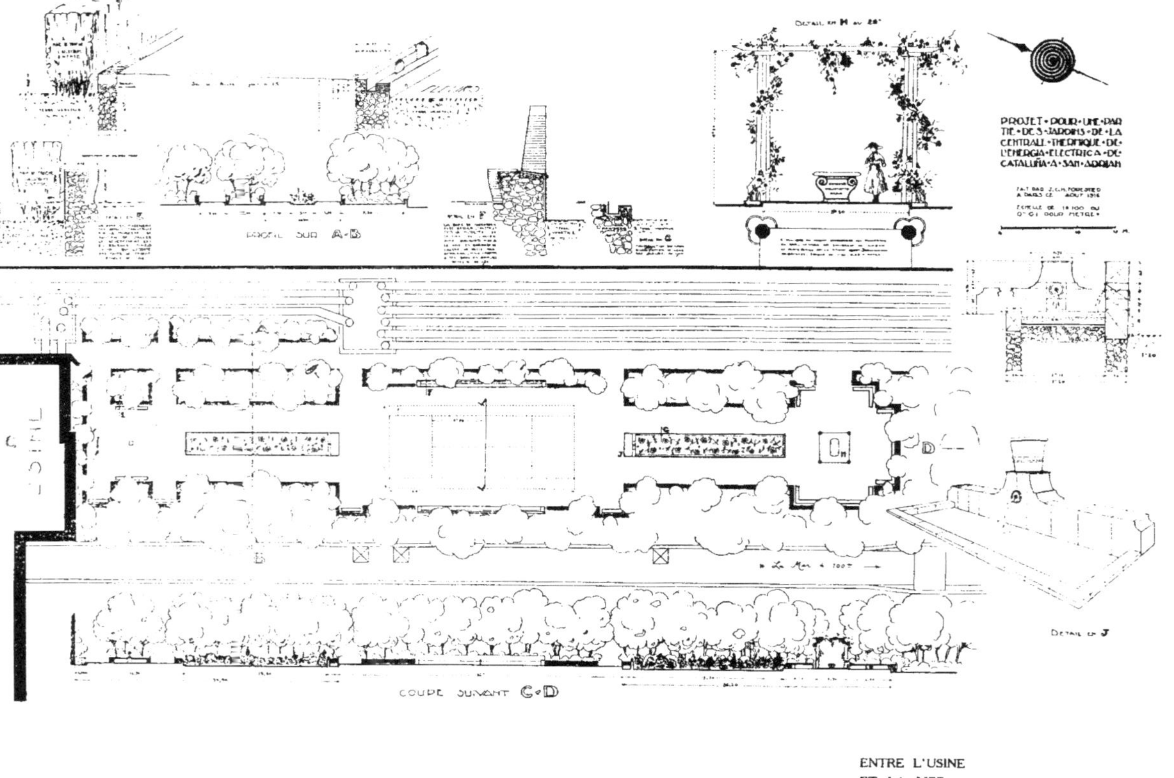

ENTRE L'USINE
ET LA MER ::

Les avenues devaient être plantées en Jubæa spectabilis reliés entre eux par une haie de Fusains du Japon. En raison de la difficulté de trouver une quantité suffisante de ces Palmiers déjà assez élevés, ils ont été remplacés par des Phœnix dactylifera et Canariensis.

En face de l'habitation des ingénieurs. le jardin commence par une allée couverte de Rosiers.

Deux grands emplacements ont été conservés libres. afin de permettre aux familles des ouvriers d'y trouver un lieu de repos, de réunion, de promenade. les dimanches. les jours de congé ou de fête.

Les résultats ont montré les avantages de cette disposition.

La seconde partie du jardin. de l'autre côté des bâtiments, au bord immédiat de la mer. devait accompagner les rangées des gros tuyaux de fonte évacuant les eaux de l'usine à la mer — longues lignes massives noires qui ne sont pas sans beauté : — un court de tennis pour le personnel de l'usine en occupait le centre. — il était accompagné de quelques ornements et de fleurs. Cette partie n'a pu être exécutée.

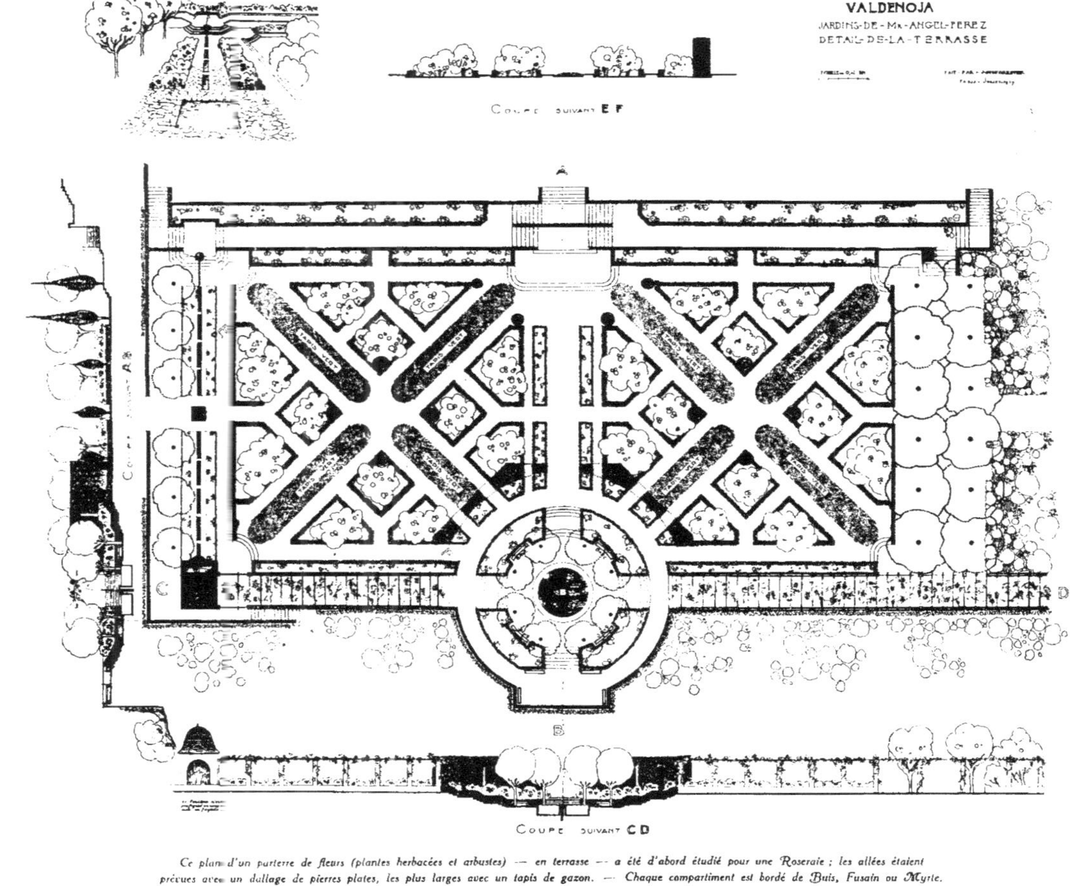

Ce plan d'un parterre de fleurs (plantes herbacées et arbustes) — en terrasse — a été d'abord étudié pour une *Roseraie* ; les allées étaient prévues avec un dallage de pierres plates, les plus larges avec un tapis de gazon. — Chaque compartiment est bordé de *Buis*, *Fusain* ou *Myrte*.

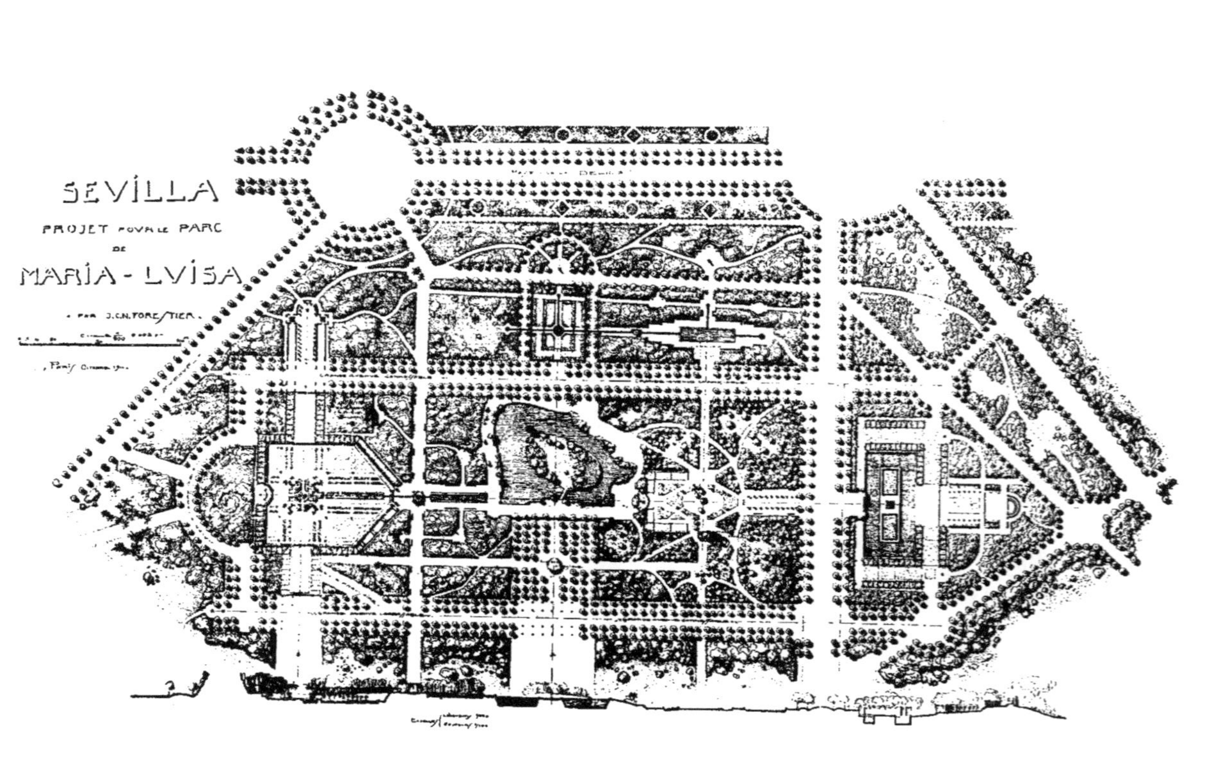

SEVILLA
PROJET POUR LE PARC
DE
MARIA - LVISA
PAR J.CN.FORESTIER.
PARIS

LES JARDINS MARIA-LUISA, A SÉVILLE

ENTRE la célèbre promenade de Séville, Las Delicias, et les champs de
la Feria, non moins fameux, se trouvaient les terrains d'une partie
d'un ancien parc délaissé depuis quelques années, que leur propriétaire,
le duc de Monpensier, avait cédés à la Ville à la condition qu'elle en
fît un parc public. Ce projet fut établi par la ville de Séville à la fois
pour réaliser cette clause qu'elle tenait à respecter et pour préparer les
grands jardins d'une Exposition Hispano-Américaine qui devait être
retardée par les événements survenus en 1914.

Le parc, aujourd'hui achevé, a dû subir quelques modifications
dans ses parties Sud et Est, en raison de l'annexion de nouveaux terrains
et d'agrandissements destinés à entourer de jardins les palais de la
future Exposition.

L'irrégularité de certaines avenues vient de ce qu'elles existaient déjà et que, bordées d'arbres âgés et fort beaux, elles devaient être conservées en cet état.

Le petit lac, aux contours sinueux, qui est au centre, n'a été modifié — et très légèrement — que dans la partie où il touche à l'axe principal ; il devait être respecté en raison des souvenirs qui s'y attachent. C'est dans le petit pavillon (tache noire) qui se trouve à une extrémité de l'île et fut construit autrefois dans un goût oriental, qu'eurent lieu des fiançailles royales.

L'orientation générale est Nord-Sud, le Nord à droite du plan.

A l'extrémité Sud se trouvait un monticule couvert d'arbres déjà élevés et verdoyants, qui fut utilisé comme fond pour une roseraie. Ce fond a été complété par des treilles et des parois en Cyprès taillés.

Au milieu de la roseraie, un bassin à deux étages est disposé pour recevoir Nymphœas et Nelumbium.

A l'autre extrémité, une légère dépression du terrain a permis de faire un bassin rectangulaire pour des Nymphœas plus nombreux ; le centre est occupé par une île ornée d'une vasque et de carrés de fleurs. Ce bassin est, en partie, encadré par une treille de Roses, de Chèvrefeuilles et de Bougainvilleas. Le parc a été terminé en 1914.

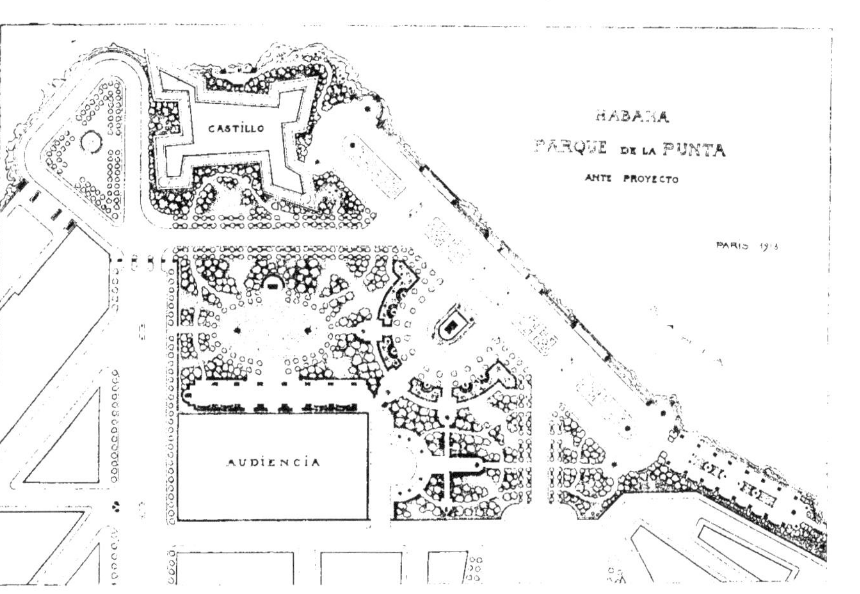

PROJET DU PARQUE DE LA PUNTA POUR LA HAVANE

LA difficulté de l'arrangement venait de l'obligation de l'adapter aux édifices et aux vestiges qu'il était nécessaire de conserver.

D'un côté, un bord de mer apparaissait aussitôt comme un des traits les plus importants de ce nouveau parc : à tout prix il en fallait tirer parti. Combien, l'après-midi, peut être beau le spectacle de la mer en pleine lumière, combien peut être agréable de jouir, à l'ombre des arbres, de ses brises fraîches et de suivre, à cette entrée de la baie — Bahia — qui est le port, le mouvement des bateaux qui vont et viennent, qui arrivent ou qui partent. Comme il n'y a pas, sur ces rives, de marée sensible, de larges degrés de marbre joignent la terrasse à la mer.

Dans l'exèdre de verdure, un haut monument à Christophe Colomb
pourrait être aperçu par tous les bateaux entrant dans la rade.

À l'extrémité du Cap, un très ancien petit fort (Castillo) et, dans
l'angle du Parc, du côté de la ville, le Palais de l'Audiencia doivent être
conservés.

En outre, les habitants de la Havane tenaient à maintenir intacte
la partie d'un mur contre lequel ont été fusillés autrefois, avant l'indé-
pendance, douze étudiants cubains. C'est devant ce pan de mur qu'est
ménagée une pelouse ovale en vue de manifestations ou de cérémonies
éventuelles. Pelouse ici possible en raison du climat humide.

Le Palais de l'Audiencia abritera un Musée dont l'entrée est prévue
dans la façade latérale, à droite sur le plan.

Enfin, il était indispensable d'assurer la communication à travers
le Parc entre les avenues de la Ville, à droite, et le Malecon, à gauche,
— promenade sur l'autre rive de la mer.

DÉTAILS

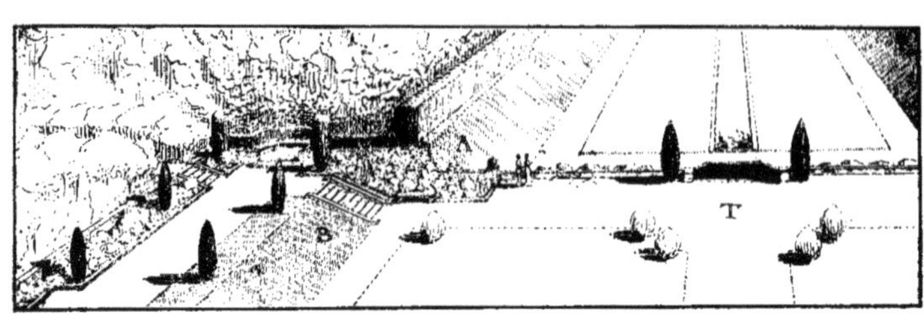

L_E désir d'ouvrir une perspective avait conduit à creuser devant la maison l'emplacement d'un parterre : pour diminuer la dépense, pour sauver aussi quelques beaux arbres. la largeur de la tranchée de la partie plus basse succédant au parterre avait été réduite; d'où l'aspect désagréable du talus A se profilant en avant du talus B. Ces vues perspectives dans deux sens opposés montrent la disposition de la terrasse T accompagnée latéralement du murs à profils courbes masquant le talus A.

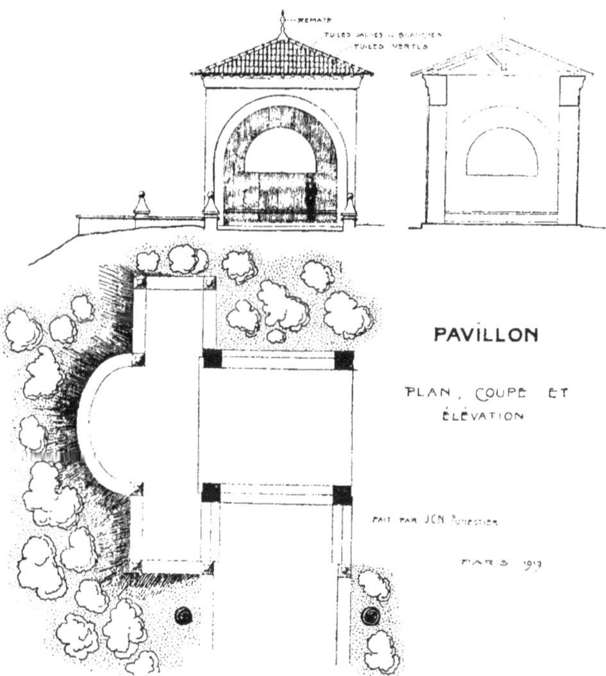

PAVILLON

PLAN, COUPE ET
ÉLÉVATION

PARQUE-DE MONTJUICH - PAVILLON D'ANGLE A L'EXTREMITE DE LA TERRASSE A LA COTE 57

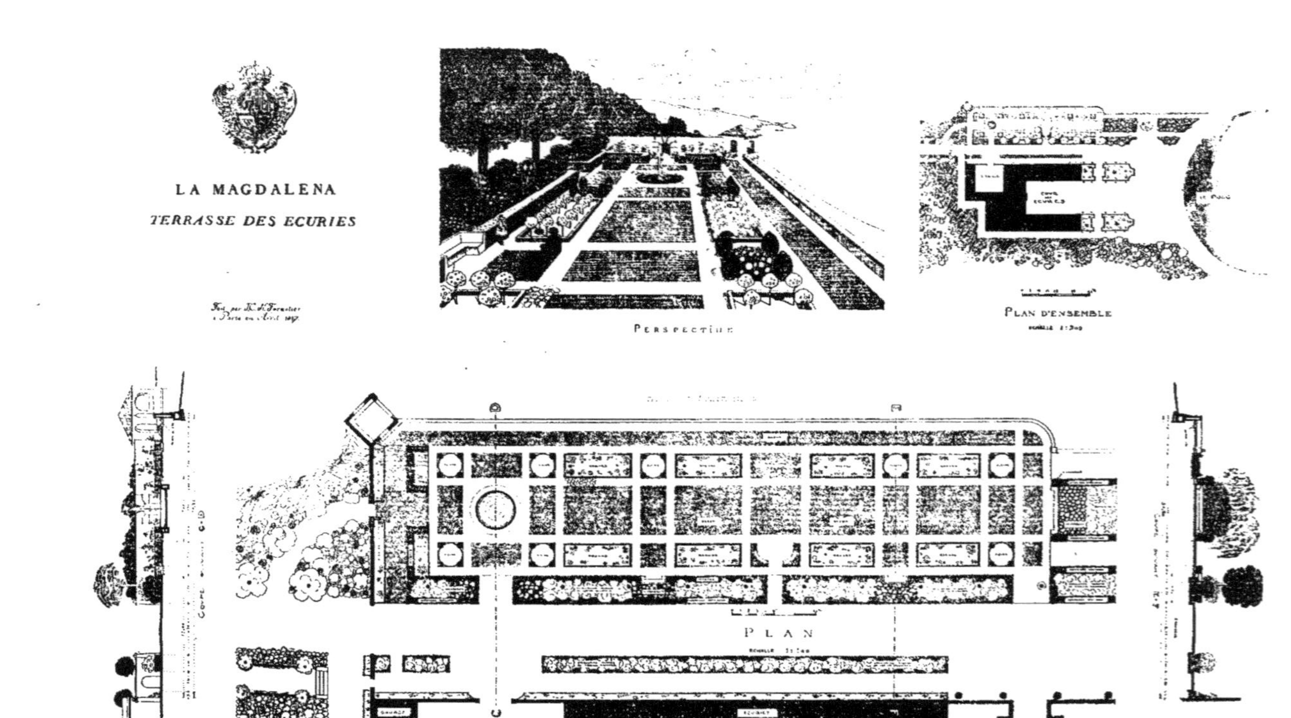

LA MAGDALENA
TERRASSE DES ECURIES
PERSPECTIVE
PLAN D'ENSEMBLE
PLAN

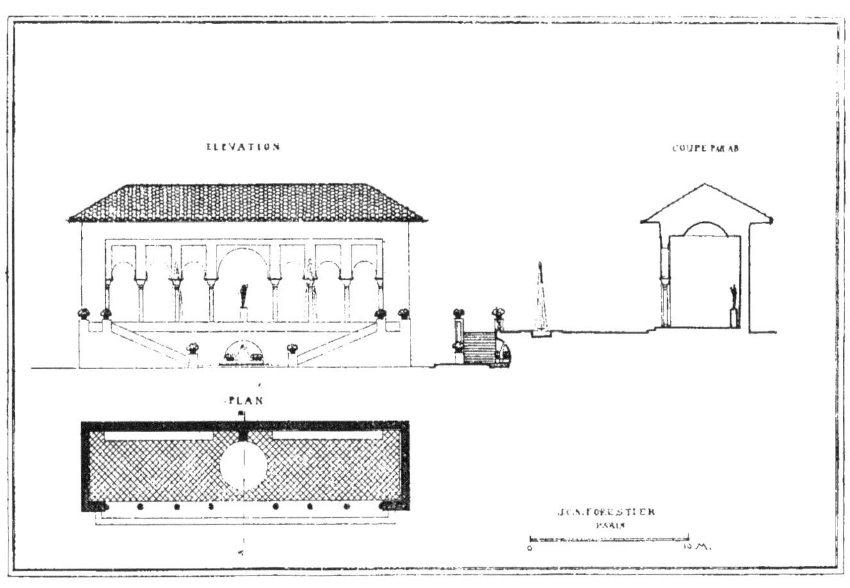

ELEVATION
COUPE PAR AB
PLAN
JCN. FORESTIER
PARIS
0
10 M.

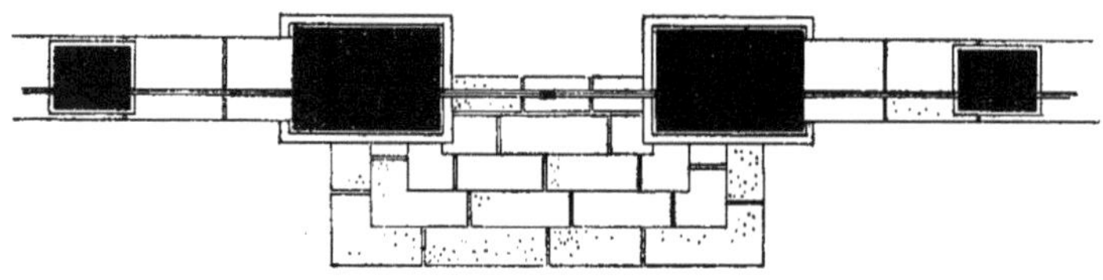

GRILLE PLACÉE ENTRE
UNE COUR D'ENTRÉE
ET LE JARDIN :: :: ::

J.C.N. FORESTIER
OCTOBRE 1918 PARIS

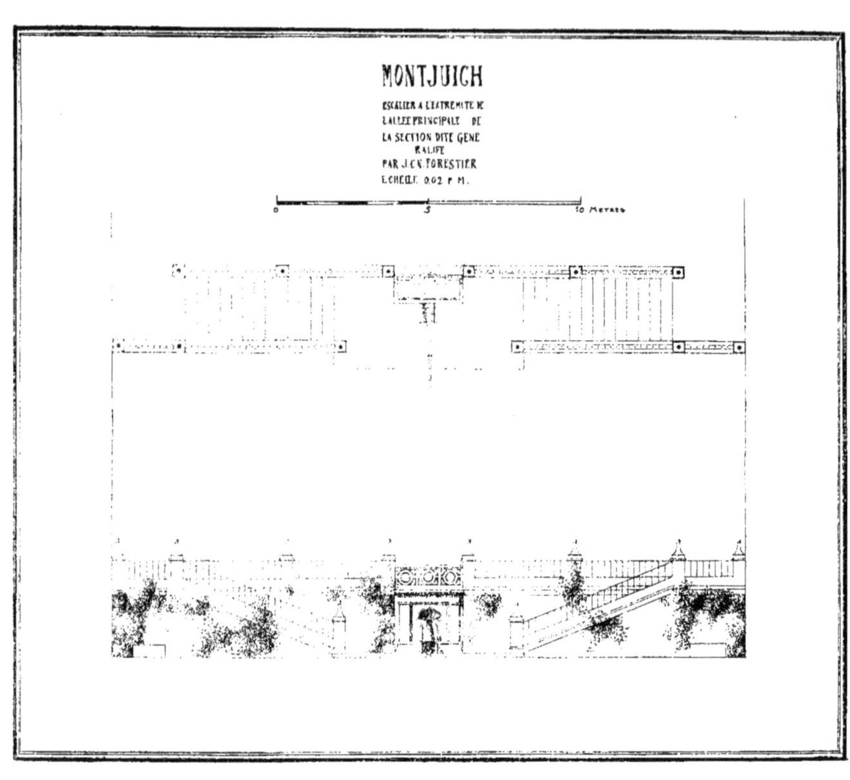

ENSEMBLE DE L'ESCALIER OU
SE TROUVE LA FONTAINE RE-
PRÉSENTÉE SUR LES DEUX
PAGES PRÉCÉDENTES :: :: ::

ESCALIER A RAMPES D'EAU
DÉVERSANT L'EAU DU RÉ-
SERVOIR DE LA TERRASSE
SUPÉRIEURE DANS LE JARDIN
DE LA TERRASSE INFÉRIEURE

Imité de la Cour du Cyprès au Généralife.

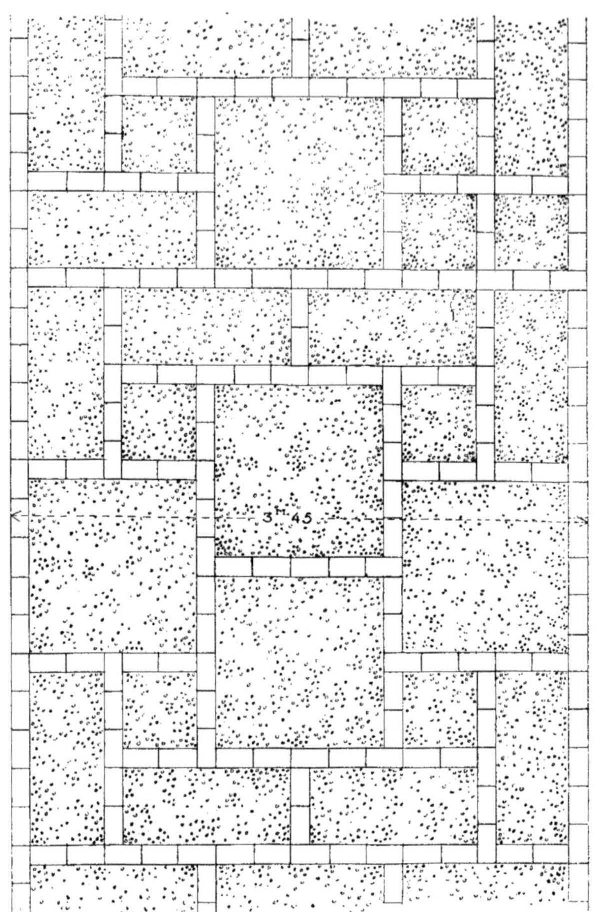

Revêtement d'allée en ciment et briques.

DALLAGES ET REVÊTEMENTS DU SOL

L ᴇs allées d'un jardin doivent être nettes et propres en tout temps, agréables au pied et, autant que possible, saines et sèches malgré l'humidité ou après des pluies récentes. L'usage en France est de les faire aussi fermes que possible, soit en les asseyant sur des couches de gravois, de platras, de mâchefer ou de cailloux pilonnés, soit en les formant avec des débris, poussières ou recoupes de pierres provenant des carrières, ou tous autres matériaux susceptibles de les rendre à la fois solides et perméables. Elles sont recouvertes ensuite de sable, de gravier plus ou moins fin qui draine la surface.

Le gravier n'est pas toujours agréable à la marche. Il est possible de supprimer les allées et de conserver d'amples tapis de gazon. Mais le gazon, pour former un sol propre et suffisamment ferme, doit être très régulièrement et très fréquemment tondu et roulé; c'est une dépense.

Dans d'autres pays et, autrefois, dans nos jardins de la Renaissance, le sol des allées était recouvert de pavements ou dallages en pierres plates, rectangulaires ou irrégulières, en briques ou céramique. Ces pavements ont tant d'avantages qu'ils sont, malgré leur prix, à nouveau fréquemment employés. Le ciment peut constituer un revêtement économique ; mais il est presque toujours insuffisant en raison de son aspect. Au surplus, employé par grandes surfaces, il se fendille. Ces inconvénients disparaîtront s'il est divisé par des traits de briques à plat, pour lesquelles il est possible de trouver maintes combinaisons différentes. En voici deux exemples qui permettent d'employer les briques dans les dimensions habituelles en usage, 0.22 × 0.11, sans les retailler.

Pour constituer un revêtement de cette nature, sur l'assiette de l'allée, le sol est préparé par une première couche de béton maigre, en

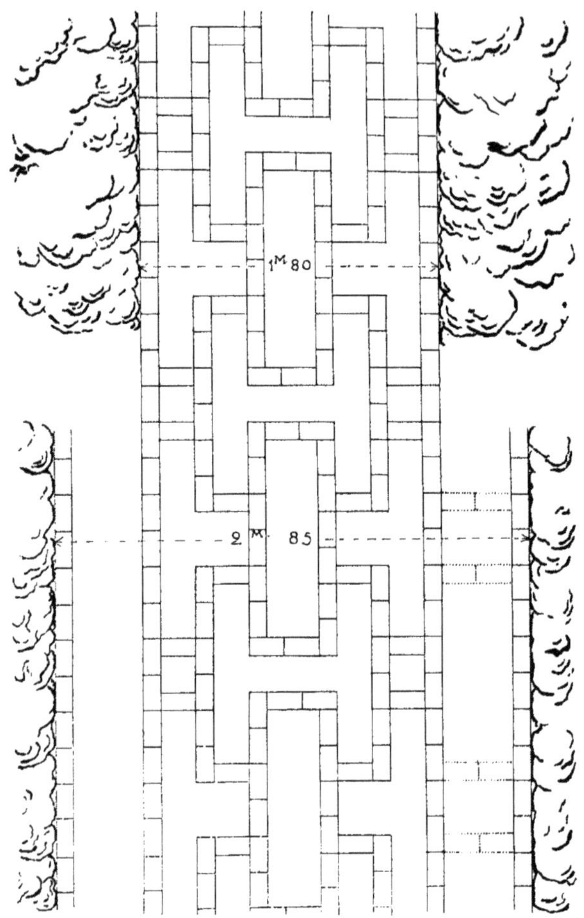

Dispositions pour des revêtements d'allée en briques et ciment.

2 ou 3 centimètres d'épaisseur, très exactement réglé. Sur cette légère
fondation, on dispose les briques à plat suivant la disposition arrêtée,
et dans les compartiments formés par les traits de brique, on coule un
ciment non pas trop liquide, mais pourtant assez fluide pour remplir
entièrement l'espace laissé libre par les briques; des planches égalisent
toute cette surface de ciment, sur laquelle on a pu jeter quelques graviers, de préférence de couleur foncée; les planches posées sur la surface,
et appuyées sur les briques, font pénétrer ces petits graviers
dans le ciment ; on obtient ainsi une surface nette
très égale, sans aspérités, où le rouge des
briques s'associe assez heureusement à la couleur du ciment.

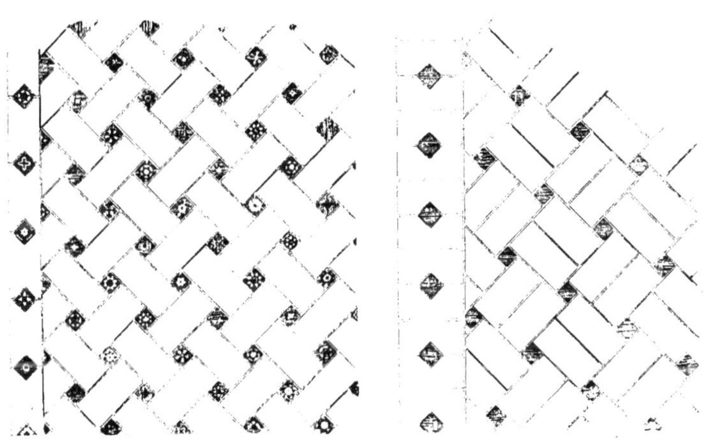

CINQ AUTRES EXEMPLES MONTRENT
DIVERSES MANIÈRES D'ASSOCIER LES
BRIQUES A DES CARREAUX ÉMAILLÉS;
CE SONT QUELQUES-UNES DES NOM-
BREUSES DISPOSITIONS EN USAGE
DANS LES COURS ET LES ALLÉES DES
JARDINS ESPAGNOLS ET ARABES.

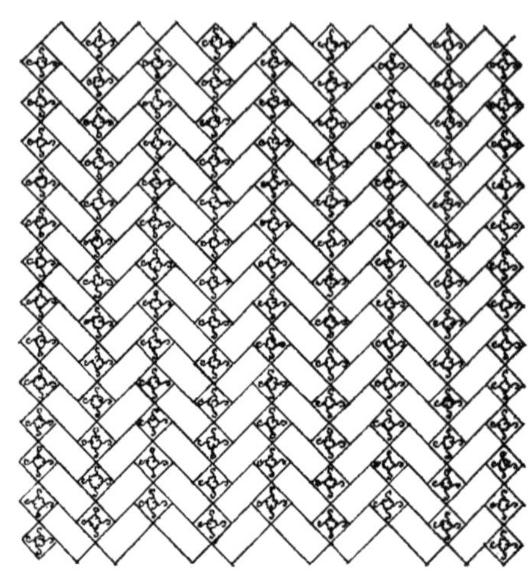

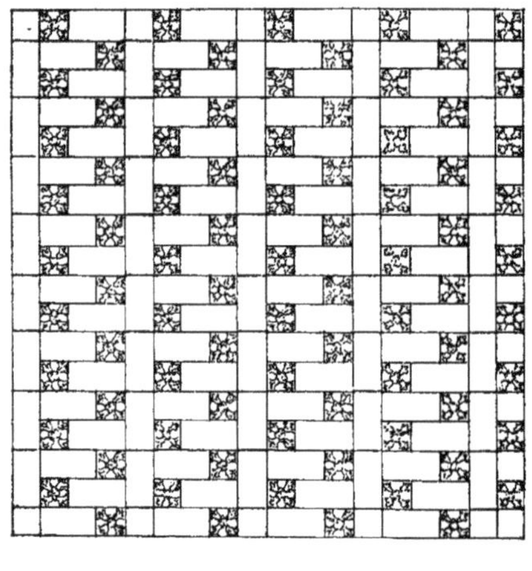

QUELQUES BANCS

BANC EN FAIENCES. SOL DE L'ALLÉE PAVÉ EN
BRIQUES ROUGES ET EN PETITS CARREAUX
ÉMAILLÉS DE 0,05 × 0,05. LA PAROI
EN CYPRÈS DE LAMBERT
OU EN IFS

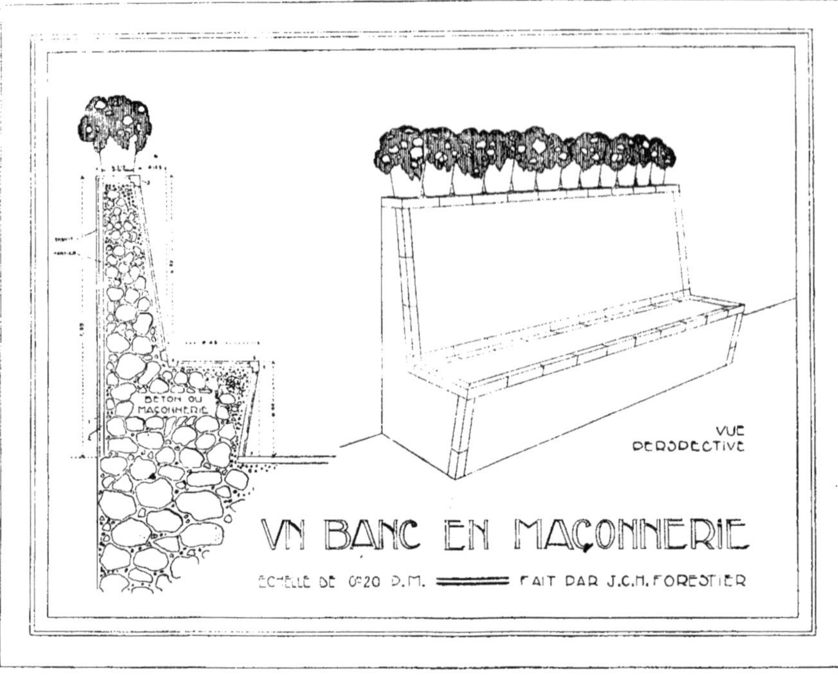

LES ARÊTES DU BANC EN MAÇONNERIE,
REPRÉSENTÉ CI-DESSUS, SONT EN
FAIENCE ÉMAILLÉE. CES PIÈCES DE
FAIENCE QU'ON VOIT EN PROFIL SUR
LA COUPE SONT EN FORME DE COR-
NIÈRES. ELLES SONT FABRIQUÉES AINSI
ET RECOUVERTES D'ÉMAUX DE COU-
LEUR. ELLES SONT D'USAGE COURANT
EN ANDALOUSIE :: :: :: :: :: :: ::

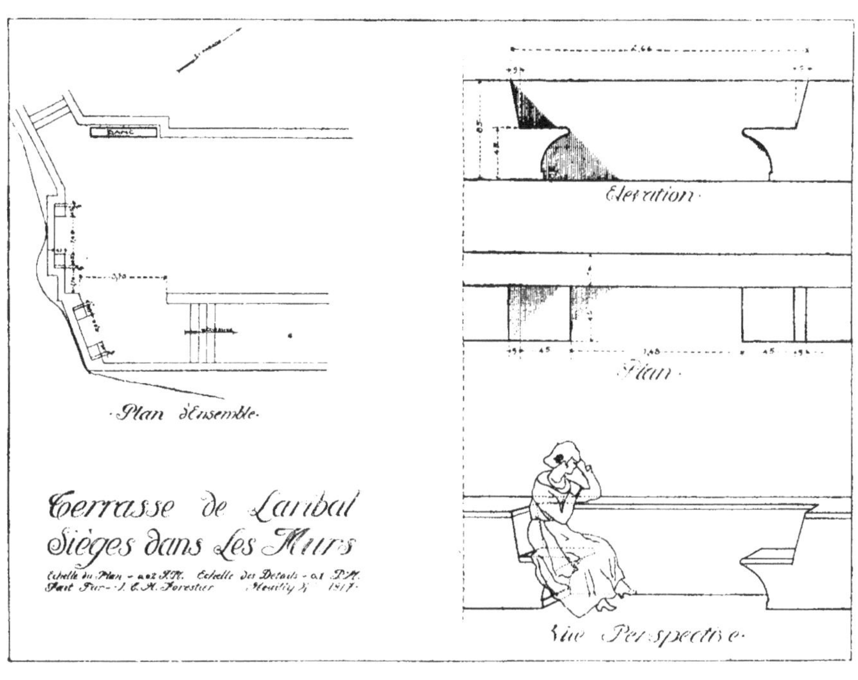

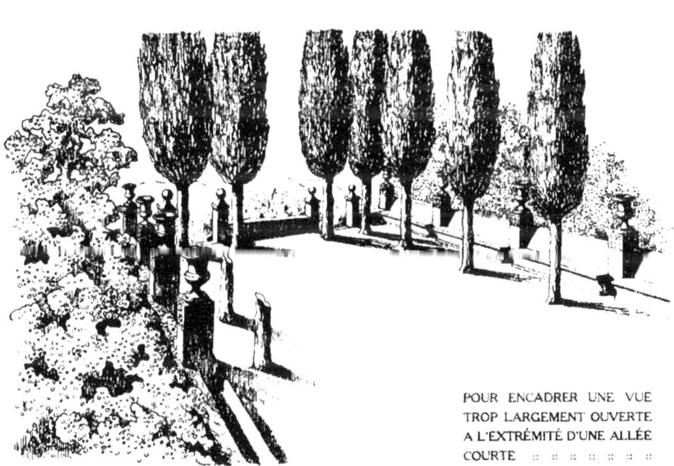

POUR ENCADRER UNE VUE
TROP LARGEMENT OUVERTE
A L'EXTRÉMITÉ D'UNE ALLÉE
COURTE :: :: :: :: :: :: :: ::

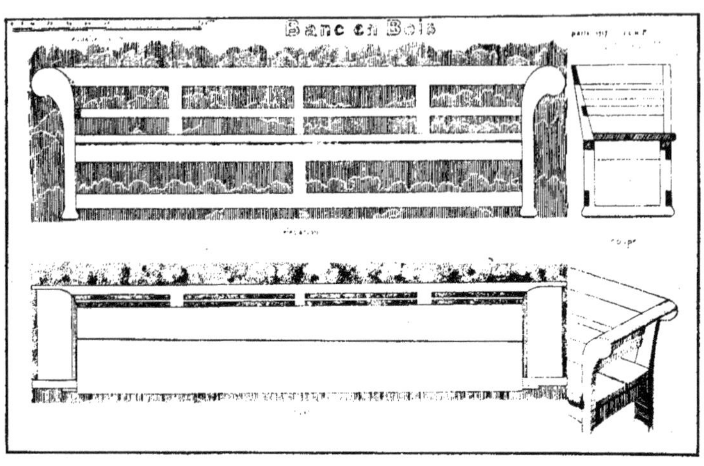

BANC EN BOIS

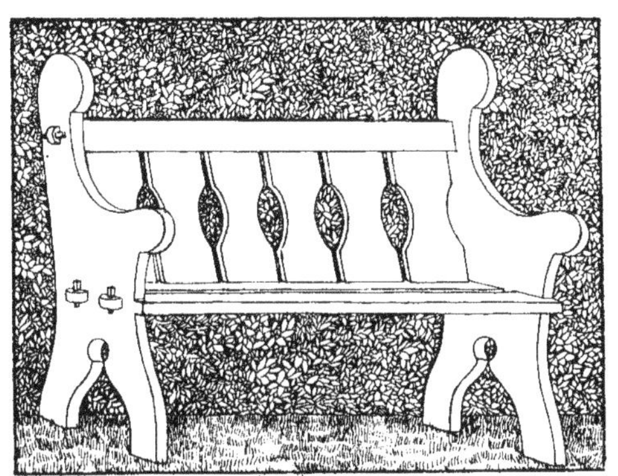

BANC EN BOIS

APPENDICE

ROSES ET PLANTES VIVACES A FLEURS

Il y a à peine vingt ans, les Roses dédaignées étaient à peine admises dans nos jardins; elles étaient rejetées de nos jardins publics. Souvent, dans les parcs des grandes maisons de campagne, elles étaient exilées dans le potager, avec la multitude des plantes vivaces cultivées seulement pour leurs fleurs que l'on cueillait.

Les arbustes groupés devaient faire des taches de verdure; les arbres n'étaient que leurs auxiliaires plus élevés; ils n'avaient qu'à donner leurs masses de feuillage et leur ombrage.

Des fleurs annuelles, uniformément groupées en formes rondes ou ovales — les corbeilles de fleurs — formaient le froid décor de couleur, indifférent aux fêtes incomparables et mystérieuses de la vie, indifférent à la grâce vivante et à l'élégance capricieuse des plantes, à leurs associations imprévues et mobiles. A tel point que des plantes desséchées et trempées dans la couleur pouvaient, en certains cas, leur être substituées. C'était insuffisant. C'était ignorer l'allégresse des fleurs, la pénétrante émotion du printemps, les voluptés fugitives mais éclatantes de l'été commençant.

A cause même de cette insuffisance, les arbres et les arbustes à feuillages plus ou moins et diversement colorés étaient recherchés, Prunier à feuilles rouges (Prunus Pissardi . Érable negundo à feuilles panachées de blanc. Cornouiller de Sibérie à feuilles blanches. Hêtre pourpre, Cèdres et Sapins bleus, Ifs et Robiniers à feuilles jaunes....

Nous voilà revenus de cette indifférence. Les Roses et les fleurs redeviennent des amies souriantes abondamment réunies et soigneusement

groupées dans le jardin moins grand. Elles sont assemblées tantôt par
nuances d'une même couleur, tantôt avec de vives oppositions, presque
toujours harmonieusement unies par le vert des feuillages, libres de
fleurir à leur guise dans des compartiments tracés et construits à leur
intention. C'est aujourd'hui le rôle dévolu à toutes les plantes vivaces
et annuelles à fleurs, entremêlées avec profusion. Pour mieux affirmer
chaque couleur, chaque forme, pour donner plus de dignité à chaque
plante, elles sont disposées par masses, par colonies. En outre, c'est
éviter ainsi de laisser apparaître la défaillance possible de l'une d'elles.
Puis, lorsque certaines, épuisées et flétries après l'éclat de leur floraison,
font un vide ou une tache dans la plate-bande, d'autres plantes préparées
dans de grands pots et prêtes à fleurir peuvent prendre leur place. C'est
revenir d'ailleurs à un usage ancien auquel Le Nôtre, par exemple,
avait abondamment recours.

Sans doute, l'inconvénient de la plupart des plantes vivaces est de ne pas soutenir pendant toute la belle saison leur floraison, mais elles peuvent vivre avec les plantes venues des chassis et des serres — les plantes de garniture — elles s'entr'aident mutuellement.

S'il faut éviter de se cantonner trop exclusivement dans les massifs compacts, dans les corbeilles ovales des plantes de garniture, il serait maladroit de ne pas accueillir dans les plates-bandes de plantes vivaces les rutilants Pelargonium, les Begonias, les Calcéolaires, les Tagetes ou Œillets d'Inde, les Zinnias, les Cannas, les Fuchsias, les Capucines, les admirables Dahlias et toute la multitude de ces plantes à floraison si belle et si prolongée. Elles ajouteront l'appui de cette floraison plus soutenue à l'éclat souvent éphémère des plantes vivaces; elles serviront de bordures par leurs formes régulières; elles garniront des vides; enfin, elles permettront à la maîtresse de la maison ou au jardinier de retoucher en pleine saison de végétation les parties manquées de son vivant tableau de couleurs. Si, comme il arrive fréquemment, il y a quelque différence de niveau exigeant de petits murs ou de hautes murailles de soutènement, bien des plantes pariétaires ou de rocaille trouveront leur place dans les joints des pierres; elles couvriront le mur de taches multicolores.

Quel que soit l'arrangement de ces fleurs, elles ont besoin de fonds — Noisetiers pourpres, Ifs, Buis, Houx, Lauriers, Fusains du Japon, Troënes, etc. Elles s'appuient aussi à des parois de Conifères, de Lierres, à des murs de pierres, de briques rouges ou roses qui peuvent être recouverts de plantes grimpantes ou de plantes de murailles intervenant dans ce concert des floraisons; très heureusement aussi on les a placées contre des murs de maçonnerie crépis à la chaux et couverts de Rosiers et de Clématites. Afin d'augmenter ou de varier l'éclat des fleurs, les plates-bandes peuvent être non seulement appuyées contre une paroi verte, mais aussi divisées en compartiments par des haies semblables qui viennent comme des contreforts, depuis la haie du fond, mourir à la bordure. C'est non seulement une ressource pour varier les aspects, pour rompre ce que l'on peut trouver parfois de fatigant dans une

succession ininterrompue de fleurs trop brillantes, c'est aussi une disposition qui a son utilité dans les régions où le vent est à craindre et
courbe trop brutalement les plantes à tiges élevées (voir le projet d'un
jardin dans le Sud-Ouest de la France).

Dans les jardins du midi de l'Europe, où les gazons sont difficiles
à conserver et surtout à maintenir frais et verts en été, les compartiments
formés par des haies de Fusains, de Buis, d'Ifs, de Cyprès ou de Myrtes
sont une précieuse ressource.

Mélés aux plantes vivaces — ou plus souvent placés dans un cadre
disposé pour eux — les Rosiers reprennent leur souveraineté dans les
jardins. Ils donnent si facilement et avec si peu de soins des fleurs non
seulement les plus belles, mais aussi les plus variées de couleurs, de
parfums et de formes ! Ils peuvent encore rendre d'autres services en
formant, ici, des haies basses de 40 à 60 centimètres, là, des parois plus
élevées, de 1 m. 50 jusqu'à 4 m. 50, selon les variétés qu'on emploie :
Rosiers sarmenteux et surtout Hybrides de Wichuraiana pour les
palissades, Rosiers du Japon (Rosa Rugosa) principalement et Rosiers
demi-sarmenteux pour les haies [1].

Presque toutes les situations leur conviennent, sauf les terrains
trop en pente et les parties du jardin placées près des arbres.

Les Rosiers du Japon sont les plus vigoureux et les moins exigeants :
ils se contentent de climats rudes, de mauvaises expositions, de sols
même assez pauvres.

Les Roses sont aujourd'hui extrêmement nombreuses. Les Rosiers
qui les portent sont issus de diverses espèces du genre *Rosa*. Les uns
sont produits par variation gemmaire spontanée sur une plante dont la
partie modifiée a été greffée ou bouturée pour la perpétuer ; l'on dit alors
de cette variété qu'elle est un « sport ». Les autres, les plus nombreux,
sont obtenus de semis.

[1] Pour les haies basses d'environ 1 mètre, il est possible d'avoir recours à quelques Rosiers très
vigoureux comme Ulrich Brunner, Reine des Neiges, Catalunya, Caroline Testout, la Tosca... et, dans
notre Midi, Marie van Houtte, General Schablikine, Hugo Roller, S[r] d'un Ami, Sombreuil...

On sait que les graines ne reproduisent que très exceptionnellement
les types qui les ont données lorsqu'il s'agit de plantes cultivées depuis
plus ou moins longtemps où l'aptitude à varier a atteint son maximum

de développement. Les plantes indigènes ne peuvent que difficilement
par les semis, quelque répétés qu'ils soient, donner de nombreuses et
distinctes variations. Le fait de se trouver dans un sol où elles sont
exotiques semble au contraire leur donner une tendance à les produire :

et ensuite, elles paraissent continuer à maintenir cette tendance tant dans ce sol que dans celui même où elles sont indigènes.

De nombreux types indigènes, de nombreuses espèces exotiques, des variations extrêmement anciennes de toutes ces plantes furent donc autant de facteurs qui contribuèrent à l'abondante production des variétés nouvelles de ces dernières années.

Les deux grandes sources des si belles Roses obtenues depuis soixante à quatre-vingts ans sont : les croisements adroitement réussis entre le Rosa indica — Rosier Thé — et les anciennes variétés; puis, les hybridations obtenues par Pernet-Ducher, rosiériste de Lyon, entre les variétés existant déjà et le Rosa lutea, Rosier jaune de Perse. Les premiers croisements produisirent l'innombrable série des Roses Thé et Hybrides de Thé. Les seconds produisirent la toute nouvelle et féconde lignée de la race des Pernetiana, à laquelle nous devons ces Roses de couleurs si curieuses et nouvelles — du jaune pur au jaune et rouge et au rose cuivré — qui, à leur couleur singulière, ajoutent l'agrément d'un beau feuillage vert foncé et l'avantage précieux d'une résistance nouvelle à cette maladie « le blanc », trop fréquente parmi les Rosiers [1].

C'est récemment aussi, il y a une vingtaine d'années, qu'une espèce nouvelle de Rosiers sarmenteux fut introduite du Japon, Rosa Wichuraiana. Hybridée, elle produisit de nombreux Rosiers grimpants dont quelques-uns sont admirables; tous connaissent Jean Girin, Dorothy Perkins, qui se couvrent en juin et juillet d'un immense manteau rose de petites Roses pompon; une autre hybridation de ces mêmes Rosiers, François Juranville, est moins connue: plus précoce elle fleurit plus longtemps ; elle a l'extraordinaire vigueur des Wichuraiana et leur feuillage vert foncé, luisant, défiant aussi les maladies ordinaires si communes.

----

[1] Les Rosiers « Pernetiana » sont généralement moins sensibles à la contagion du « Blanc » que les autres variétés. Les Rosiers suivants résistent assez bien à cette maladie : Mme Edouard Herriot, Constance, Raymond, Ophelia, Golden Emblem, Louise Cath. Breslau, Benedicte Seguin, Covent Garden, Gorgeous, The Queen Alexandra, Président Bouché, Souvenir de George Beckwith, Mrs Wemys Quin, Jean C. N. Forestier....

Ces Rosiers ont de longs rameaux minces et très souples : plantés
en masse sur le sol même, ils le couvrent rapidement de leur épais
manteau de feuillage et de fleurs.

Tout récemment, une heureuse hybridation du Rosa Wichuraiana
a donné un nouveau Rosier grimpant dont les Roses abondantes, plus
grandes que sur les premiers hybrides, sont d'une couleur rouge écarlate,
presque vermillon, d'un éclat vraiment surprenant, surtout dans le feuillage toujours vert foncé et brillant du type : son nom : Pauls' Scarlet
Climber.

Enfin, de petits Rosiers nains, que les horticulteurs appellent
Polyanthas, qui ne cessent de fleurir pendant toute la belle saison, ont
été obtenus par des hybridations avec les Rosiers sarmenteux dits multiflores. Au lieu de donner de longs rameaux, les tiges se terminent par
des bouquets de fleurs qui se renouvellent constamment au détriment
de leur croissance. Aussi restent-ils nains. Ils servent à former des tapis
toujours fleuris et de charmantes bordures.

Voici quelques bons Rosiers Polyanthas :

DES ROSIERS POLYANTHAS NAINS
A FLORAISON CONTINUE

Orléans Rose	rose vif presque rouge
Mrs W. H. Cutbush	rose frais
Jeanne d'Arc	blanc laiteux
Jessie	rouge écarlate
Catherine Zeimet	blanc pur
Léonie Lamesch	rouge cuivré
Edith Cavell	rouge cramoisi
Canarien Vogel	jaune taché de rose
Perle d'Or	jaune
Odeila D[illegible]	[illegible]
Mme Jules Gouchault	écarlate vermillon
Maman Turbat	rose de Chine tendre
Mme Norbert Levavasseur	rouge carmin
Joseph Guy	rouge vif clair

LISTE DES ROSIERS PRIS PARMI LES MEILLEURES VARIÉTÉS

Abréviations pour les désignations de race : T. = Thé ; H. T. = Hybride de Thé ; Beng. = Bengale ;
H. R. = Hybride remontant ; Nois. = Noisette ; I. B. = Ile Bourbon ; Pern. = Pernetiana ; H. W. = Hybride
de Wichuraiana ; Mult. = Multiflore.

NOMS	COULEURS DES FLEURS	NOMS	COULEURS DES FLEURS
Alexander Hill Gray, T.	jaune citron	*Général Mac Arthur,* H. T.	cramoisi foncé
André Gamon, H. T.	rouge carminé	*Gloire de Chedane-Guinoisseau,* H. R.	rouge vermillon
Antoine Rivoire, H. T.	rose chair	*G. Nabonnaud,* T.	rose tendre
Archiduchesse Marie-Immaculata, T.	chamois	*Gorgeous,* H. T.	jaune cuivré
Admiral Ward, H. T.	rouge cramoisi	*Grande Duchesse Marie-Adélaïde,* Pern.	orangé
Auguste Comte, T.	rose garance	*Grange Colombe,* H. T.	blanc crème
Baronne A. de Rothschild, H. R.	rose frais	*Horace Vernet,* H. R.	rouge foncé
Beauté de Lyon, Pern.	corail	*Hugo Roller,* T.	jaune et rose
Beauté inconstante, T.	rouge et jaune	*Instituteur Sirdey,* H. T.	jaune d'or foncé
Belle Siebrecht, H. T.	rose œillet	*Jacques Porcher,* H. T.	blanc et orangé
Bénédicte Seguin, H. T.	jaune d'or	*Jean C. N. Forestier,* Pern.	rose vif capucine
Berthe Gaulis, H. T.	rose de Chine	*Jean Ducher,* T.	saumon
Billard et Barré, T.	jaune d'or	*Jonkheer J. L. Mock,* H. T.	rose vif
Blanc double de Coubert, Rugosa.	blanc pur	*K. of K,* H. T.	écarlate
Château de Clos Vougeot, H. T.	rouge pourpre	*Lady Ashtown,* H. T.	rose très pâle
Cheerful, H. T.	rouge orangé	*Lady Calmouth,* H. T.	blanc crème
Chrissie Mac Kellar, H. T.	cramoisi et orangé	*Lady Hillingdon,* T.	jaune
Clarisse Goodacre, H. T.	blanc ivoire	*Lady Ursula,* H. T.	rose carné
Commandeur J. Gravereaux, H. R.	rouge feu	*La France Victorieuse,* H. T.	rose tendre
Comte de Rochemur, H. T.	rouge écarlate	*La Tosca,* H. T.	rose tendre
Comtesse du Cayla, Beng.	rouge capucine	*Laurent Carle,* H. T.	rouge vif
Comtesse Riza du Parc, T.	rose cuivré	*Liberty,* H. T.	écarlate
Comtesse Sophie Torby. T.	rouge cuivré	*Lieutenant Chauré,* H. T.	cramoisi
Constance, Pern.	jaune	*Los Angeles,* H. T.	rose jauni
Dean Hole, H. T.	rouge saumon	*Louise Catherine Breslau,* Pern.	rose bronzé
Docteur Grill, T.	cuivre	*Mabel Drew,* H. T.	jaune crème
Dorothy Page Roberts, H. T.	rose cuivré	*Madame Abel Chatenay,* H. T.	rose saumon
Ducher, Beng.	blanc pur	*Madame Annette Aynard,* H. T.	ivoire
Duchess of Sutherland, H. T.	rose	*Madame Antoine Mari,* T.	rose tendre
Duchess of Wellington, H. T.	jaune safran	*Madame Caroline Testout.* H. T.	rose chair
Edward Mawley, H. T.	cramoisi velouté	*Madame Constant Soupert,* T.	jaune rosé
Empereur du Maroc. H. R.	rouge très foncé	*Madame Edmond Rostand,* H. T.	rose pâle et saumon
Ernest Metz, T.	rose vif	*Madame Edouard Herriot,* Pern.	corail jaune
Ethel Malcolm. H. T.	blanc crème	*Madame Eugène Résal,* Beng.	jaune et rose
Exquisite, H. T.	cramoisi	*Madame Hoste.* T.	blanc jaunâtre
Fabvier, Beng.	rouge éclatant	*Madame Joseph Bonnaire.* H. T.	rose de Chine
Francis Dubreuil, T.	rouge foncé	*Madame Joseph Combet,* H. T.	crème et rose
F. R. Patzer, H. T.	blanc orangé	*Madame Jules Grolez,* H. T.	rose satiné
Général Arnold Janssen, H. T.	carmin foncé	*Madame Laurette Messimy,* Beng.	cuivré et rose
Général Galliéni, T.	rouge capucine		

NOMS	COULEURS DES FLEURS	NOMS	COULEURS DES FLEURS
Madame Léon Pain, H. T.	blanche et rose	*Ophelia*, H. T.	rose chair
Madame Maurice de Luçe, H. T.	rose et carmin	*Paul Nabonnand*, T.	rose hortensia
Madame Pierre Oger, I. B.	rose pâle porcelaine	*Paul Neyron*, H. R.	rose fort
Madame Ruau, Pern.	rose crevette	*Pharisaer*, H. T.	rose frais
Madame Segond-Weber, H. T.	rose saumon	*Président Parmentier*, H. T.	rose abricot
Mademoiselle Francisca Kruger, T.	jaune rosé	*Prince de Bulgarie*, H. T.	rose clair et saumon
Mademoiselle Marie Van Houtte, T.	jaune pâle et rose	*Priscilla*, H. R.	blanc mat
Magna Charta, H. R.	rose vif	*Queen Mary*, H. T.	jaune canari
Maman Cochet, T.	rose saumon	*Recuerdo de Antonio Peluffo*, T.	jaune et rose
Marie d'Orléans, T.	rose satiné vif	*Red Letter Day*, H. T.	écarlate vif
Marchioness of Londonderry, H. R.	blanc ivoire	*Richmond*, H. T.	cramoisi
Marquise de Ganay, H. T.	rose argenté	*Roger Lambelin*, H. R.	rouge bordé blanc
Meta	rouge brique	*Rose d'Evian*, T.	rose pourpré
Mevrouw Dora van Tets, H. T.	écarlate foncé	*Souvenir de Catherine Guillot*, T.	rouge capucine
Mildred Grant, H. T.	rose pâle	*Souvenir de C*^{lus} *Pernet*, Pern.	jaune cadmium
Miss Alice de Rothschild, H. T.	jaune vif	*Stella di Bologna*, H. T.	rose violacé
Mrs Aaron Ward, H. T.	jaune rose	*Sunburst*, H. T.	jaune orangé
Mrs Alfred Tate, H. T.	rouge cuivré	*The Queen Alexandra*, H. T.	écarlate et vieil or
Mrs Edward Powel, H. T.	vif écarlate	*Ulrich Brunner*, H. R.	rouge
Mrs George Shawyer, H. T.	rose clair	*Unique jaune*, Nois.	jaune et rouge
Mrs Wemyss Quin, Pern.	jaune vif	*Viridiflora*, Beng.	vert, curiosité
Molly Sharman Crawford, T.	blanc satiné	*Werner's Liebling*, Beng.	écarlate
Nathalie Bottner, H. T.	crème	*White Killarney*, H. T.	blanc
Niphetos, T.	blanc pur	*White Maman Cochet*, T.	blanc crème

ROSIERS SARMENTEUX (OU GRIMPANTS) " REMONTANTS "

C'EST-A-DIRE PRODUISANT PLUSIEURS FLORAISONS SUCCESSIVES

NOMS	COULEURS DES FLEURS	NOMS	COULEURS DES FLEURS
Ard's Pillar, H. T.	rouge	*Mme Alf. Carrière*, Nois.	blanc rosé
Belle Lyonnaise, T.	jaune clair	*Madame Aug. Choulet*, H. T.	jaune orangé
Birdie Blye, Beng.	rose	*Madame Bérard*, T.	rose saumoné
Catalunya, Beng.	rouge vif	*Madame Couturier-Mention*, Beng.	rouge cramoisi
Climbing Aug. Victoria, H. T.	blanc	*Mme Jules Gravereaux*, T.	rose pêche
— *Caroline Testout*, H. T.	rose	*Maréchal Niel*, T.	jaune foncé
— *Le Vésuve*, Beng.	rouge	*Mermaid*, Bracteata	simple jaune pâle
— *Liberty*, H. T.	cramoisi	*Noella Nabonnand*, T.	rouge foncé
— *Mrs W. J. Grant*, H. T.	rose brillant	*Paul's Scarlet Climber*, H. W.	rouge vermillon
Deschamps, Nois.	rouge	*Pax*, Hybride de Moschata	blanc
Duarte de Oliveira, Nois.	rose cuivré	*Reine Marie Henriette*, T.	rouge clair
Duchesse d'Auerstedt, T.	jaune d'or	*Rêve d'or*, Nois.	jaune
Effective, H. T.	cramoisi	*Ricordo di Geo Chavez*, H. T.	rose vif
Elie Beauvillain, H. T.	rose cuivré	*Sarah Bernhardt*, H. T.	écarlate
Ghislaine de Féligonde, Mult.	jaune pâle et blanc	*William Allen Richardson*, Nois.	jaune
Gloire de Dijon, T.	jaune rosé	*Zéphirine Drouhin*, I. B.	rose vif

ROSIERS SARMENTEUX NON " REMONTANTS "

[illegible] PAR LEUR ABONDANTE FLORAISON DU PRINTEMPS OU DU COMMENCEMENT DE L'ÉTÉ

NOMS	COULEURS DES FLEURS	NOMS	COULEURS DES FLEURS
Albéric Barbier, H. W.	crème	*François Juranville*, * H. W.	vieux rose
American Pillar, H. W.	rose vif	*Ile-de-France*, Mult.	rouge
Alexandre Tremouillet, H. W.	blanc saumoné	*Jean Girin*, * H. W.	rose frais
Blush Rambler, Mult.	rose tendre	*Paul Noel*, H. W.	jaune soufre et rose
Désiré Bergera, H. W.	rose cuivré	*Sander's White*, H. W.	blanc pur
Dorothy Perkins, * H. W.	rose frais	*Tausendschon*, * Mult.	rose tendre
Excelsa, * H. W.	rouge écarlate	*Veilchenblau*, Mult.	violet, curiosité

QUELQUES PLANTES VIVACES A FLEURS

Les chiffres donnés pour la hauteur moyenne des plantes ne sont qu'une indication approximative.
Dans la dernière colonne, le mot VARIÉTÉS placé en face d'un nom de plante signifie que cette plante
a donné beaucoup de variétés que l'on peut trouver chez les horticulteurs spécialistes.

NOMS	SAISON DE FLORAISON	COULEURS DES FLEURS	HAUTEURS MOYENNES	EXIGENCES ET APTITUDES DES PLANTES
Achillea Filip. Parkeri.	juin-juillet	jaune d'or	1 mètre	*VARIÉTÉS*
— *Millefolium* Cerise Queen	juin-nov.	rouge vif	o m. 45	id.
— — Kelwayi . . .	juin-nov.	rouge très foncé	o m. 50	id.
— *Ptarmica* La Perle. . .	juin-octobre	blanc	o m. 60	
Aconitum Napellus.	juillet-août	bleu	1 m. 50	à mi-ombre
— Spark's	juillet-août	bleu foncé	1 m. 25	id.
Adenophora Potanini	juillet-août	bleu tendre	o m. 80	id.
Agathæa amelloïdes	mai-octobre	bleu céleste	o m. 30	en plein midi
Althæa rosea (Rose trémière). . .	juin-juillet	blanc, jaune, rouge	2 mètres	*VARIÉTÉS*
Alyssum saxatile flore pleno *(Corbeille d'Or*.	avril-mai	jaune	o m. 15	bordures, murs, rocailles
Anchusa italica var. Dropmore. .	juin-sept.	bleu cobalt	o m. 90	
Anemone Apennina	avril-mai	bleu vif	o m. 15	à mi-ombre
— *Japonica (A. du Japon)*.	août-octobre	blanc et rose	o m. 60	
— *Pulsatilla*	avril-juin	violet	o m. 25	terrains secs
— *Hepatica*	février-mars	bleu, blanc, rose	o m. 15	
Aromatheca cruenta	juillet-août	rouge sang	o m. 15	
Anthemis frutescens	juin-sept.	blanc	o m. 90	*VARIÉTÉS*
— *tinctoria*.	juin-sept.	jaune	o m. 75	
Aquilegia cærulea (Ancolie) . . .	avril-mai	bleu	o m. 60	à mi-ombre
— *chrysantha*	mai-juin	jaune vif	1 mètre	id.
— *Sibirica*	mai-juin	bleu et bl. jaunâtre	o m. 40	id.
Arabis alpina (Corbeille d'argent)	mars-mai	blanc pur	o m. 15	bordures
— *rosea*.	mai	pourpre	o m. 30	id.
Asclepias tuberosa	juillet-sept.	jaune orangé	o m. 60	à mi-ombre
Aster alpinus	juin-juillet	blanc et rouge	o m. 25	rocailles, murs
— *Amellus*.	juillet-août	bleu lilas	o m. 60	*VARIÉTÉS*
— *amelloïdes*.	juillet-août	bleu lilas	o m. 60	variétés nombreuses
— Beauty of Colwall				
— Beauté parfaite	août-octobre	bleu violet foncé	o m. 50	
— *Ericoïdes*	octobre	blanc	1 mètre	
— *Novæ Angliæ*	sept.-oct.	bleu violet foncé	1 m. 50	*VARIÉTÉS*
— *Novæ Belgiæ*	août-sept.	bleu, lilacé	1 m. 20	id.
Astilbe chinensis Arendsi	juillet-août	bleu rosé	1 m. 25	
— *Davidii*	juillet-août	rose purpurin	1 m. 80	
— *Japonica (Hoteia)* (Fleur de pêcher).	juin-juillet	blanc rosé	o m. 30	id.
— *Hoteia Lemoinei*	juin-juillet	blanc rosé		

NOMS	SAISON DE FLORAISON	COULEURS DES FLEURS	HAUTEURS MOYENNES	EXIGENCES ET APTITUDES DES PLANTES
Aubrietia deltoïdes	avril-mai	bleu lilas	o m. 10	*VARIÉTÉS*
Baptisia australis	juin-juillet	bleu	o m. 65	
Bidens dahlioïdes	juin-août	rose et blanc	o m. 60	
Bocconia cordata	août-sept.	blanc rosé	2 m. à 3 m.	
Boltonia asteroïdes	août	blanc rosé	1 m. 25	
— *latisquama alba*	août-octobre		1 m. 50	
Brunsvigia Josephinœ	août-sept.	rouge foncé	o m. 40	
Calimeris incisa	août-sept.	blanc à lilas	o^{m}50 à o^{m}70	
Campanula grandiflora	juin-août	bleu intense	o m. 60	
— *persicœfolia*	juin-août	bleu pâle	o m. 75	
— *Portenschlagiana (muralis)*	mai-août	bleu foncé	o m. 15	murs, rocailles, bordures
— *pyraversi*	juillet-août	bleu clair	o m. 80	rocailles, murs
Centaurea montana cœrulea . . .	mai-août	bleu	o m. 35	
Cerastium Biebersteinii	mai-juin	blanc	o m. 25	terrains secs, bordures
— *tomentosum*	avril-juin		o m. 20	id. id.
Chrysanthemum frutescens (v. Anthemis et Leucanthemum) . . .	juillet-oct.	blanc	o m. 70 à 1 m.	*VARIÉTÉS*
Clematis Davidiana	septembre	bleu	o m. 70 à 1 m.	
Coreopsis grandiflora	mai-nov.		o m. 60	terrains frais
— *lanceolata*	juin-sept.	jaune	o m. 60	id.
— *précoce*	juin-sept.	jaune orange	o m. 60	id.
Delphinium (Pied d'alouette) . . .				variétés nombreuses
— *elatum*	mai-juillet	bleu azur	1 m. 50 à 2 m.	id.
— *formosum*	juin-sept.	bleu violacé	o m. 50 à 1 m.	id.
— *nudicaule*	juin-sept.	rouge clair	o m. 75	
Desmodium penduliflorum . . .	juillet-août	rouge violet foncé	1 m. 80	
Digitalis gloxinœflora alba . . .	mai-août		1 m. 10	
Dodecatheon Meadia (Gyroselle) .	mai	rose pourpré	o m. 30	à mi-ombre
Doronicum Pardalianches	mai-juillet	jaune	o m. 50	ombre et terrains frais
Dracocephalum Ruyschianum . .	mai-juin	bleu intense	o m. 30	mur, rocaille, à mi-ombre
Echinops ritro (Boule azurée) . .	juillet-août	bleu azuré	o m. 80	
Epilobium spicatum (Laurier de St-Antoine)	juin-sept.	rose purpurin	1 mètre	
Eremurus Bungei	mai-juillet	jaune vif	1 m. 50	
— *Elwesii*	mai-juillet	rose tendre	2 m. 50	
— *hymalaïcus*	mai-juillet	blanc	2 mètres	
— *Olgœ*	mai-juillet	jaune vif	2 mètres	
— *robustus*	mai-juillet	rose tendre	2 mètres	
Erigeron Coulteri	sept.-oct.	blanc	o m. 50	
— *glabellus*	juin-juillet	violet pâle	o m. 25	
— *glaucus (var. semperflorens)*	avril-sept.	bleu, lilacé, blanc	o m. 25	
— *speciosus*	juin-sept.	lilas	o m. 70	
Erinus alpinus	mai-juin	rouge violacé	o m. 15	mur, rocaille, à l'ombre
Eryngium amethystinum	juillet-août	bleu	o^{m}50 à o^{m}60	
Erythronium Dens-canis (Dent de chien)	mai-juin	rose pourpre	o m. 15	
Eupatorium purpureum	août-sept.	pourpre	1 m. 50	craint le froid
[illegible]	juillet	blanc	o m. 10	
Fritillaria imperialis (Couronne impériale)	mars-avril	rouge	1 mètre	à mi-ombre
Funkia ovata	mai-juillet	bleu velouté	o m. 50	id.
— *subcordata*	juin-août	lilas clair	o m. 40	id.
Gaillardia picta	mai-août	rouge à jaune	o m. 40	
Galega oficinalis	juin-sept.	bleu pâle	1 m. 50	
Galtonia candicans (Jacinthe du Cap)	juillet	blanc	o m. 70 à 1 m.	

NOMS	SAISON DE FLORAISON	COULEURS DES FLEURS	HAUTEURS MOYENNES	EXIGENCES ET APTITUDES DES PLANTES
Geranium armenum	juin-juillet	rouge violet brillant	o m. 70	murs, rocailles
— *platypetalum*	mai-juin	bleu violet intense	o m. 50	
— *sanguineum*	mai-juin	rose pourpré	o m. 50	
Geum coccineum (Benoîte écarlate)	avril-juin	rouge cocciné	o m. 50	
Glaucium tricolore	juin-août	rouge orangé brill.	1 mètre	
Gypsophila paniculata	juin-août	blanc	o m. 50	
Harpalium rigidum	juillet-août	jaune foncé	1 m. 30	
Hedysarum coronarium (Sainfoin d'Espagne)	juin-juillet	rouge purpurin	1 mètre	
Helenium automnale	août-octobre	jaune pâle	2 mètres	
— *Bolanderi*	juin-août	jaune vif	o m. 60	
Helianthus lætiflorus	sept.-oct.	jaune	2 m. 50	
— *sparsifolius*	août-octobre	jaune d'or	2 m. à 3 m.	
Helianthemum roseum	mai-juin	rose	o m. 15	murs, rocailles
Helleborus niger (Rose de Noël)	déc.-février	blanc lavé de rose	o m. 25	mi-ombre, *VARIÉTÉS*
Hemerocallis flava	mai-juin	jaune clair	1 mètre	
— *Thumbergii*	juin-sept.	jaune orangé	o m. 80	
Heracleum persicum (Berce)	mai-juillet	blanc	2 m. à 1 m.	terrains humides ou frais
Hesperis matronalis (Julienne des Jardins)	mai-juillet	pourpre, violet	o m. 75	terrains secs
Heuchera sanguinea	juin-juillet	rouge cramoisi	o m. 40	
Hepatica triloba	février-mars	bleu, rose, blanc	o m. 40	mi-ombre, bordures
Horminum pyrenaicum	mai-juin	bleu violacé	o m. 20	murs, rocailles, bordures
Iberis sempervirens (Corbeille d'argent)	avril-mai	blanc argenté	o m. 30	id.
Incarvillea Delavayi	mai-juin	rose carminé	o m. 40	
Iris				variétés nombreuses
Iris aurea	juillet	jaune doré	o m. 75	
Leucanthemum maximum	sept.-oct.	blanc pur	o m. 70	*VARIÉTÉS*
Leucanthemum max. Shasta Daisy.	sept.-oct.	blanc pur	o m. 70	
Ligularia sibirica	juin-août	jaune foncé	o m. 75 à 1 m.	
Lilium auratum (Lis doré)	juillet-août	blanc, bande jaune	2 mètres	
— *candidum (Lis blanc)*	juin	blanc transparent	1 mètre	
— *croceum (Lis orangé)*	juin-juillet	rouge orangé	o m. 60	
— *Harrisii (Lis des Bermudes)*	juin-juillet	blanc	1 mètre	
— *Henryi*	août-sept.	rouge orangé	2 m. 50	
— *Longiflorum*	juin-juillet	blanc	1 mètre	
— *Martagon*	mai-juin	violet pourpre	o m. 70	à mi-ombre
— *perenne*	mai-juillet	bleu céleste	o m. 50	
Lupinus polyphyllus	juin-août	bleu foncé	1 m. 50	*VARIÉTÉS*, terrains frais, à mi-ombre
— — Moerhemi	juin-août	rose	1 mètre	
Lychnis chalcedonica (Croix de Jérusalem)	mai-juillet	rouge	1 mètre	
— *Haageana*	juin-août	rouge orangé	o m. 50	
— *flos-Cuculi*	juin-août	rose	o m. 50	terrains frais
— *Viscaria*	mai-juin	rose pourpre	o m. 50	
Lysimachia verticillata	juin-juillet	jaune	o m. 60	
— *clethroïdes*	juillet-août	blanc	o m. 60	
Lythrum Salicaria	juillet-sept.	pourpre	1 m. 50	terrains humides
Malva moschata	juin-août.	rose clair	o m. 70	
Meconopsis Cambrica	juin-juillet	jaune soufre	o m. 40	à l'ombre, mur, rocailles
Monarda didyma	juin-juillet	rouge ponceau	o m. 80	terrains frais
Nepeta Mussini	mai-août	bleu	o m. 30	bordures
Œillet mignardise *(Dianthus plumarius)*	mai-juillet	blanc et rose	o m. 30	*VARIÉTÉS*, bordures
Œnothera glauca (Enothère Onagre)	juillet-août	jaune vif	o m. 60	

NOMS	SAISON DE FLORAISON	COULEURS DES FLEURS	HAUTEURS MOYENNES	EXIGENCES ET APTITUDES DES PLANTES
Œnothera speciosa	juillet-oct.	blanc rosé	o m. 60	
Ostrowskia magnifica	juin-juillet	bleu pâle	1 m. 50	délicat, abriter du froid
Paeonia albiflora (Pivoine de Chine)	mai-juin	rose	1 mètre	variétés nombreuses
Papaver bracteatum	mai-juin	rouge foncé	1 m. 20	} id.
— *orientale (P. de Tournefort)*	mai-juin	rouge orangé	1 m. 20	
Pentstemon heterophyllus	juin-juillet	bleu à violet	o m. 50	
— *var.* Newbury Gem	juin-sept.	rouge	o m. 50	à l'abri du froid
— *var.* Southgate Gem	juin-sept.	rouge	o m. 50	id.
Perowskia atriplicifolia	août-sept.	bleu	1 m. 50	
Phalangium Liliago (Phalangère)	juin-juillet	blanc	o m. 50	
Phlomis Samia	juin-juillet	marron	o m. 60	
Phlox decussata	juin	rose, rouge, pourpre, blanc	1 mètre	variétés nombreuses
— *divaricata*	mai-juin	bleu ciel	o m. 40	mur, rocaille, bordures
— *paniculata*	juillet-sept.	rouge	1 mètre	
— *setacea*	avril-mai	purpurin	o m. 10	mur, rocaille, bordures
Phygelius capensis	juillet-oct.	rouge	o m. 50	
Physostegia virginiana	juillet-août	pourpre	o m. 60	terrains frais, *VARIÉTÉS*
Platycodon grandiflorum	juin-août	bleu intense	o m. 60	
Plumbago larpentæ (Dentelaire)	sept.-oct.	bleu cobalt	o m. 35	craint les grands froids
Polemonium cœrulem	juin-juillet	bleu	o m. 60	à demi-ombre
Polygonum amplexicaule	juin-juillet	rouge sang	$0^m 60$ à $0^m 80$	
— *orientale*	août-sept.	blanc et rouge	2 m. à 3 m.	
Potentilla atrosanguinea	juin-juillet	rouge sang	o m. 60	*VARIÉTÉS*
— *nepalensis*	juin-juillet	rouge	o m. 40	
Primula (Primevère)				} variétés nombreuses
— *Auricula (Auricule)*	avril-mai	jaune, rouge, violet	o m. 15	murs, rocailles, bordures
— *grandiflora*	mars-mai	jaune et rouge	o m. 10	
Pyrethrum roseum	mai-juin	rose	o m. 50	*VARIÉTÉS*
Rehmannia angulata	juin-août	rose	o m. 80	
Rodgersia podophylla	juin	blanc jaunâtre	1 mètre	
Romneya Coulteri	mai-août	blanc	o m. 80	très odorant
Rudbeckia laciniata flore pleno	juillet-sept.	jaune vif	1 mètre	
— *purpurea*	juillet-sept.	rouge pourpre	1 mètre	à demi-ombre
— — *grandiflora*	juillet-sept.	rouge pourpre	1 mètre	
— *speciosa*	juillet-oct.	jaune orangé	o m. 40	
Salvia (Sauge) azurea	juillet-sept.	bleu	1 m. 50	
— *patens*	juillet-sept.	bleu cobalt pur	o m. 80	délicate
Saxifraga Andrewsii	mai-juin	blanc	o m. 30	murs, rocailles
— *cordifolia*	mars-avril	rose clair	o m. 20	id.
— *Cotyledon*	mai-juin	blanc	o m. 70	id.
— *crassifolia*	mai-juin	rose foncé	o m. 20	id.
— *umbrosa (Désespoir des peintres)*	mai-juin	blanc	o m. 20	id.
Scabiosa caucasica	juin-sept.	bleu lilas	1 mètre	
Sedum (Orpin) âcre (O. Brûlant)	mai-juillet	jaune vif	o m. 10	id.
— *Maximowiczii*	juillet-août	jaune d'or	o m. 75	id.
— *maximum*	août-sept.	jaune verdâtre	o m. 50	id.
— *spectabile*	sept.-oct.	rose	o m. 40	id.
Sempervivum fimbriatum	juin-juillet	rose foncé	o m. 25	terrains et murs secs
— *tectorum*	juin-juillet	blanc rosé ou pourpré	o m. 30	id.
Senecio clivorum	juin-juillet	jaune orangé	1 mètre	terrains frais
Sidalcea candida	juin-juillet	blanc	o m. 80	
Solidago canadensis (Verge d'Or)	juillet-sept.	jaune d'or	1 m. 20	

NOMS	SAISON DE FLORAISON	COULEURS DES FLEURS	HAUTEURS MOYENNES	EXIGENCES ET APTITUDES DES PLANTES
Spirea Filipendula	août	rouge cramoisi	o m. 60	terrains secs
— *Ulmaria (Reine des Prés)*	juillet-août	rose	1 m. 20	terrains très frais
Stachys lanata (Épiaire)	juillet	lilas violet	o m. 50	bordures
Statice Armeria (Gazon d'Olympe)	août-sept.	rose	o m. 15	id.
— *latifolia*	juillet-sept.	bleu clair	o m. 25	id.
— *pseudo-Armeria*	juin-sept.	rose	o m. 50	id.
Stokesia cyanea	juillet-oct.	bleu	o m. 50	
Tiarella cordifolia	mai	blanc	o m. 20	murs, rocailles
Valeriana rubra	juin-août	rouge	1 mètre	id.
Verbascum phœniceum (Molène)	mai-août	pourpre	1 mètre	
Verbena venosa	juin-octobre	violet bleuâtre	o m. 40	bordures
Vernonia prœalta	août-sept.	pourpre violet	1 m. 50	terrains frais
Veronica paniculata	juin-juillet	améthyste	1 mètre	
— *spicata*	juin-juillet	bleu vif	o m. 30	bordures
— *prostrata*	mai-juin	bleu	o m. 15	
— *Virginica*	juin-juillet	blanc	1 m. 50	
Vinca (Pervenche) major	mars-juin	bleu	o m. 40	bordures, à l'ombre
Viola cornuta var. Papilio	mars-sept.	bleu lilas	o^m 05 à o^m 10	*VARIÉTÉS*, murs, bordures
— *cucullata*	mai-juin	bleu cobalt	o m. 15	murs, bordures
Villadinia triloba	mai-nov.	blanc rosé	o m. 25	murs, rocailles
Yucca filamentosa	juillet-oct.	blanc	1 mètre	terrains secs, murs, rocailles
— *gloriosa*	juillet-oct.	blanc jaunâtre	2 mètres	id.
Zauschneria Californica	sept.-oct.	écarlate brillant	o m. 30	

QUELQUES PLANTES VIVACES DE PETITE TAILLE
POUR DES BORDURES OU DES MURAILLES

NOMS	SAISON DE FLORAISON	COULEURS DES FLEURS	HAUTEURS MOYENNES	EXIGENCES ET APTITUDES DES PLANTES
Auricules (ou Primevères)	mars-avril	blanc, jaune, pourpre, violet	o^m 10 à o^m 20	beaucoup de variétés
Ajuga	mai	bleu	o m. 20	rampant
Alyssum saxatile (Corbeille d'or)	avril-mai	jaune	o m. 15	
Anemone coronaria	avril-mai	blanc, bleu, rouge	o m. 30	*VARIÉTÉS*
Arabis alpina	mars-mai	blanc pur	o m. 15	
— *rosea*	mai	pourpre	o m. 30	
Asperula odorata	mai	blanc	o m. 20	odorante
Aster alpinus	mai-juillet	bleu, blanc, pourpre	o m. 20	*VARIÉTÉS*
— *cœspitosus*	août-sept.	blanc, rose	o^m 20 à o^m 40	id.
— *altaïcus*	juin-juillet	violet	o m. 30	
Bellis perennis (Paquerette)	mars-juin	blanc, rose, rouge	o m. 15	id.
Campanula Portenschlagiana	juin-juillet	bleu foncé	o^m 15 à o^m 20	
— *carpatica*	juin-sept.	bleu	o m. 25	
Dianthus (Œillets)				
— *plumarius (mignardise)*	mai-juillet	blanc, rose, multicolore	o m. 30	id.
— *cœsius*	mai-juillet	rose pourpre	o m. 15	gazonnan
— *alpinus*	juillet-sept.	rose vif	o m. 10	id.
— *deltoïdes*	été	rose vif	o m. 10	id.

NOMS	SAISON DE FLORAISON	COULEURS DES FLEURS	HAUTEURS MOYENNES	EXIGENCES ET APTITUDES DES PLANTES
Funkia divers	été	lilas, blanc	0 m. 40	
Geranium sanguineum	mai-juin	rose pourpré	0 m. 50	
Hepatica triloba	février-mars	bleu, rose, blanc	0 m. 30	*VARIÉTÉS*
Iberis sempervireus (Thlaspi)	avril-mai	blanc	0 m. 30	id.
Iris tectorum	juin-juillet	bleu violet	0 m. 30	
Iris graminea	mai-juin	bleu violet	0 m. 30	odorant
— *pumila*	avril-mai	violet, bleu, blanc, jaune	0 m. 20	*VARIÉTÉS*
Linum campanulatum	juin-juillet	jaune	0 m. 30	
Lychnis viscaria	mai-juin	rose et rouge	0 m. 30	gazonnante
Meconopsis cambrica	juin-juillet	jaune soufre	0 m. 10	
Nepeta Mussini	mai-sept.	bleu	0 m. 25	rampant
Œnothera macrocarpa	juillet-oct.	jaune d'or	0 m. 25	
— *speciosa*	juillet-oct.	blanc rosé	0 m. 50	odorant
— *Youngii*	juin-sept.	jaune d'or	0 m. 40	
Phlox ovata	juillet-août	rose	0 m. 30	
— *setacea*	avril-mai	rose pourpré	0 m. 10	
— *subulata*	avril-mai	rose, rouge, blanc	0 m. 10	*VARIÉTÉS*
Plumbago Larpentæ	été-automne	bleu d'azur	0 m. 35	rampant
Polygonum vaccinifolium	août-octobre	rose	0 m. 30	gazonnant
Primevère des jardins	mars-mai	variés	0 m. 20	
Pyrethrum Tchihatchewii	mai-juin	blanc	0 m. 10	gazon russe
Renoncules	mai-juin	variés		*VARIÉTÉS*
Saxifrages divers				
Sedum spectabile	août-oct.	rose	0 m. 15	
Silene acaulis	juillet	rose, blanc	0 m. 10	*VARIÉTÉS*
— *maritima*	juin-août	blanc	0 m. 10	gazonnant
— *shafta*	juillet-sept.	rose pourpre	0 m. 10	id.
Statice armerica	août-sept.	rose	0 m. 15	gazon d'olympe
Veronica prostrata	mai	bleu	0 m. 15	
— *spicata*	juin-juillet	bleu, blanc	0 m. 30	
Violettes	mars-avril	violet, blanc	0 m. 10	*VARIÉTÉS*
Viola papilio	mars-sept.	bleu, blanc	0 m. 10	id.
Cerastium	feuillage	gris	0 m. 25	se taille
Stachys lanata	id.	blanchâtre	0 m. 50	id.
Santoline	id.	blanchâtre	0 m. 50	id.
Thymus lanuginosus	id.	gris	0 m. 15	rampant

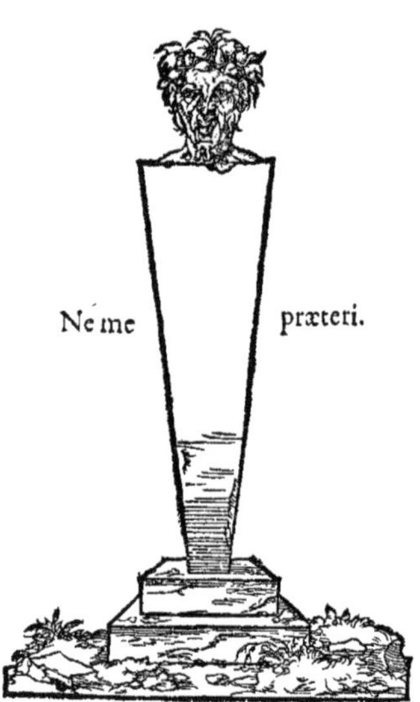

Ne me	præteri.

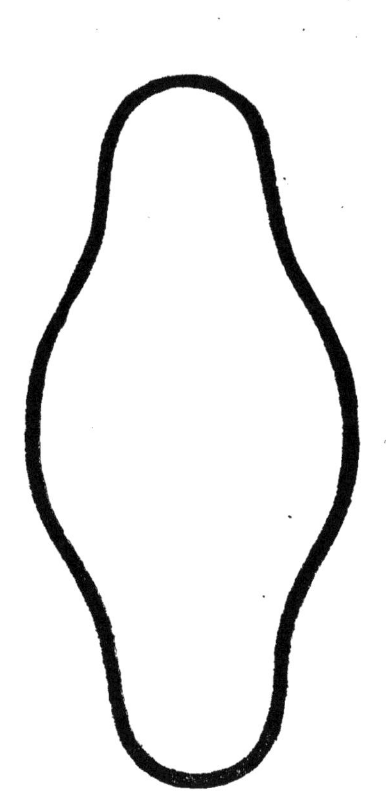

www.ingramcontent.com/pod-product-compliance
Ingram Content Group UK Ltd.
Pitfield, Milton Keynes, MK11 3LW, UK
UKHW020242180726
13839UKWH00001B/119